机电工程新技术系列丛书

U0160156

冶金工程安装新技术

上海市安装行业协会　编著

中国建筑工业出版社

图书在版编目（CIP）数据

冶金工程安装新技术/上海市安装行业协会编著. —北
京：中国建筑工业出版社，2019.12
（机电工程新技术系列丛书）
ISBN 978-7-112-24712-7

Ⅰ.①冶… Ⅱ.①上… Ⅲ.①冶金设备-设备安装
Ⅳ.①TF082

中国版本图书馆 CIP 数据核字（2020）第 022100 号

责任编辑：李笑然　毕凤鸣
责任校对：张惠雯

机电工程新技术系列丛书
冶金工程安装新技术
上海市安装行业协会　编著
*
中国建筑工业出版社出版、发行（北京海淀三里河路 9 号）
各地新华书店、建筑书店经销
北京鸿文瀚海文化传媒有限公司制版
北京建筑工业印刷厂印刷
*
开本：787×960 毫米　1/16　印张：9¼　字数：179 千字
2020 年 4 月第一版　2020 年 4 月第一次印刷
定价：38.00 元
ISBN 978-7-112-24712-7
（35087）

《冶金工程安装新技术》编委会

顾　问：刘洪亮　杜伟国

主　任：刘建伟

副主任：祃丽婷

委　员：（排名不分先后）

　　　　周　勤　宋茂祥　王健男　匡礼毅　江　强　刘绪龙

　　　　孙刚雄　侯振峰　郑永恒　宋赛中　魏尚起　曹丽莉

主编单位：上海市安装行业协会

　　　　　上海建设工程绿色安装促进中心

参编单位：（排名不分先后）

　　　　　上海宝冶集团有限公司

　　　　　上海市安装工程集团有限公司

　　　　　中国二十冶集团有限公司

　　　　　五冶集团上海有限公司

　　　　　上海二十冶建设有限公司

　　　　　中建安装集团有限公司上海公司

　　　　　中国十五冶金建设集团有限公司

　　　　　中国机械工业第五建设有限公司

参编人员：（排名不分先后）

　　　　　马永春　孙兴利　李　强　程俊伟　焦琅珽　严　鹏

　　　　　郭魁祥　刘卫健　闵良建　刘　军　张啸风　刘昌芝

　　　　　王　敏　马广明　王雪珍　沈　炯　董广义　包　佳

　　　　　孙　剑　徐　冰　郑立彪　杨春福　周建敏　刘　威

　　　　　朱　华　金辽东　赵　军　张书峰　张　婷　李享清

　　　　　黄开武　徐少臣　王　润　陈　维　刘　锐

3

序 言

创新是引领发展的第一动力，安装行业企业作为我国建设领域的重要生力军，需要不断创新，才能适应新时代高质量发展的要求。近年来，随着国家行政体制改革和社会主义市场经济的发展，行业企业秉持新发展理念，主动融入建筑产业现代化的发展改革浪潮中，不断增强技术创新能力。建设工程机电安装过程中，行业企业自主创新企业管理和施工技术，加快行业关键核心技术的研发创新，采用新技术、新工艺、新设备提升安装工程质量，积极推动了行业技术进步，促进了安装行业高质量可持续健康发展。

上海市安装行业协会积极响应国家创新驱动发展的号召，认真践行"代表性、服务性、权威性、引领性"的协会理念，为了及时总结先进的机电工程施工技术，展示机电安装行业各领域取得的高、大、精、尖、特的技术成果，积极推广新技术应用，组织协会专家编写"机电工程新技术系列丛书"，内容涵盖建筑、市政、冶金、石油化工、电子、电力等工程领域，为安装行业工程建设提供指导和借鉴，对全面提升安装行业施工技术水平和工程安全质量管理水平具有积极作用。

《冶金工程安装新技术》为"机电工程新技术系列丛书"之一。本书以冶金工程的主要工艺流程为主线，总结了烧结、焦化、炼铁、炼钢、连铸、制氧、轧钢等钢铁行业主要工业设备的安装新技术，以及起重机、工业管道、电气设备、建材机电设备、有色机电设备等其他冶金机电设备的安装新技术，从技术内容、技术指标、适用范围、工程案例等方面对各项新技术进行了介绍，言简意赅、层次清晰、内容全面。本书面向从事冶金工程机电安装的各级工程技术人员，同时对其他行业机电安装技术人员也有一定的借鉴和指导作用，具有较好的先进性和适用性。

本书编写过程中得到了有关领导和各会员单位的大力支持和帮助，在此表示衷心感谢！并对所有参与该书编撰工作的人员付出辛勤劳动深表谢意！

上海市安装行业协会会长

目　录

第1章 烧结设备安装

1.1 大型液密封型环冷机设备安装技术

1.1.1 技术内容

液密封式环冷机是一种新型环冷设备，相比传统环冷机漏风率降低约80%，余热烟气温度提高了近20%，有利于增加余热发电量，节能效果显著。其中机组水平轨道和曲轨测量调整、回转框架安装调整、液密封装置组对焊接等是安装的重点和难点。采用台车轨道综合测量技术、曲轨双钢线测量调整技术、三轨调整专用工装、液密封槽组对焊接新技术等，比传统安装方法有了较大的提升。

1. 环冷机台车轨道综合测量调整技术

大型环冷机的直径达到60m，既要保证轨道弧度一致，又要保证轨道半径。水平轨传统测量方法采用水平拉钢尺测量轨道半径的方法，长距离悬空拉钢尺，测量精度差；且受场地限制，环冷机的鼓风机多设置在环冷机内圈，对从圆心拉钢尺到轨道形成了障碍。采用水平轨坐标测量法，能够绕过障碍物，测量到轨道任意点的半径值，并达到较高的测量精度，再根据测量值进行调整和验收。

具体实施过程如下（图1-1）：

（1）水平轨道垫梁要调整完成且焊接固定结束，以避免之后焊接产生的变形对水平轨调整产生的影响。

（2）将测量仪器架设至环冷机圆心的测量台上，以圆心点A为坐标原点后视方向，寻找可通视的角度，将转点测设至轨道旁的平台上，具体位置以稳定牢固、能架设仪器为准。

（3）将仪器搬至转点上，以圆心为后视点，将测量参考点测放至轨道垫梁上。每个参考点到圆心的距离相等，距离值可通过全站仪测量出的坐标值计算出来。

（4）使用直尺测量轨道下翼缘至参考点冲眼的尺寸，与理论值进行比对，依据比对数值进行轨道调整，直至与理论数值吻合。其余轨道各测量点均以此调整。

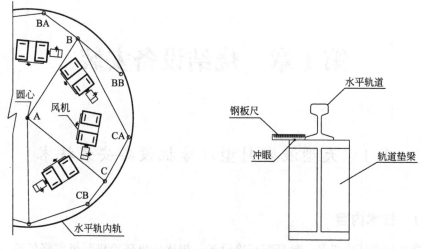

图 1-1　环冷机台车轨道测量示意图

A—圆心点；B、C—转点；BA、BB、CA、CB—参考点

2. 曲轨双钢线测量调整技术

环冷机卸料曲轨是一段异型轨道，是环冷机台车倾倒冷料的位置。传统的方法要安装临时水平轨道，将其调整后根据水平轨道调整曲轨，步骤多且耗工时，测量结果不理想。通过挂设两根钢线，在 CAD 软件上计算出曲轨测量点到钢线相应点的水平距离，以此为依据，在现场使用线坠、直尺等工具进行测量及调整，保证了曲轨各测量点位置准确，从而保证了曲轨的安装精度。

实施过程如下（图 1-2）：

（1）环冷机的卸料曲轨两端的环形水平轨道调整完成之后，将卸料曲轨及其支撑立柱安装就位。

（2）使用经纬仪或全站仪架设在环冷机圆心点上，后视方向后按照设计角度将通过曲轨最低点及环冷圆心的径向线 3 的两个参考点测放至事先焊接好的线架上，再选择通视的角度分别将径向线 1、径向线 5 的参考点点 1、点 5 测放至环冷机水平轨道上，并记录仪器旋转角度数值及距离数值。

（3）参考点设置完成后挂设钢线，分别挂设通过径向线 3 的两个参考点的钢线、通过点 1 和点 5 的钢线。

（4）钢线挂设完成之后，在径向线 3 的钢线上挂设线坠，与曲轨最低点的测量点（曲轨测量点为曲轨调整基准，设备出厂前设置）进行比对，通过比对结果调整内外曲轨的切线方向的位置，同时切割曲轨两端多余部分，与环冷机水平轨平滑对接。

（5）依据设计图纸的标高数据，使用水准仪对曲轨各测量点的标高进行粗调。

（6）在环冷圆心架设经纬仪，依据过每一组曲轨测量点径向线的设计角度在相应的钢线位置做记号，如图 1-2 中的点 2、点 3、点 4。

（7）在 CAD 软件中绘制出图 1-2 中的点 1 至点 5 及环冷圆心，并利用 CAD 软件中的标注功能将各点到圆心的水平距离和点 1 到点 5 的距离计算出来，再通过与曲轨各测量点到圆心的理论数值相减，得到钢线上的标记点到曲轨测量点的水平距离，如图中的 Y1、Y2、Y3（若单根曲轨上的测量点多于 3 个，其余各点以此类推）。

（8）使用 Y1、Y2、Y3 的理论数值对单根曲轨进行径向上的调整，符合要求后对标高进行精调。单根轨道调整完成后，通过两根轨道的轨距设计值将另外一根曲轨进行调整。

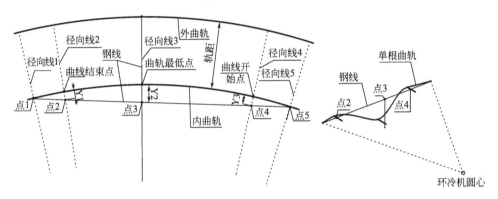

图 1-2　曲轨钢线调整示意图

3. 同一半径三轨快速测量调整技术

环冷机有 3 条轨道，包括两条水平轨及一条侧轨。如果每根轨道都分别调整，工作量大，且难以保证同一半径线上的三根轨道之间的尺寸关系。采用环冷机三轨的调整工具（图 1-3），以一条调整固定完成的水平轨为依据，快速调整其他两根轨道。

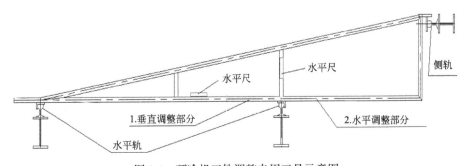

图 1-3　环冷机三轨调整专用工具示意图

具体实施过程如下：

（1）按照轨道相关设计尺寸制作加工轨道调整工具，制作时保证工具上的三个挡块之间的尺寸关系；

（2）调整好一根水平轨道的半径及标高，并焊接轨道固定挡块使其固定；

（3）使用轨道调整工具以架设在轨道上，以固定好的水平轨道为基准，辅以水平仪测量及调整另两根轨道半径及标高。

4. 环冷机回转框架综合安装技术

确认环行轨道及曲轨安装符合设计要求后，开始组装回转台车，逐个吊放在环形水平轨道上，进行异型梁、双层台车、栏板及摩擦板所组成的环冷机回转框架的安装。环冷机回转框架的圆度，影响整个框架及台车的运转平稳性。通过优化其组成部件安装顺序和焊接工艺，保证回转框架的圆度符合设计要求。

具体实施过程如下：

（1）整个回转框架及台车拼装成圆；

（2）调整侧辊轮底部垫板，使侧辊轮顶面到内框架尺寸达到图纸要求；

（3）根据焊接变形量，将框架固定；

（4）根据台车数量把回转框架均分成多等份，并且给框架进行编号，按对称焊接原则，所有焊工采用同一焊接工艺；

（5）安装内、外加强板并将其点焊在内、外框架上，焊接方法和顺序与框架角板焊接相同；

（6）采用对称卸载工艺拆除固定框架的临时设施；

（7）经过时效处理，测量侧辊轮顶面与侧轨顶面间隙，极个别达不到要求的，调整侧辊轮底部垫板。

5. 液密封装置组对焊接技术

环冷机密封液槽由薄不锈钢板分片制作、现场组对焊接而成，易产生焊接变形。门型密封装置插入液槽组成焊接空间狭小，难以保证焊接质量。利用环冷机的运转，预留焊接窗口，使用防焊接变形工具，优化液槽焊接工艺，保证液槽、门型密封装置的组对焊接质量。

具体实施过程如下：

（1）液槽初步就位以后，以测量台为基准，调整液槽的半径；

（2）核对液槽部件顺序后焊接液槽，液槽焊接时内外圈各预留两个焊接窗口；

（3）焊接时使用防止液槽变形的焊接工具（图1-4），焊接完成后检查液槽变形；

（4）将门型密封装置核对顺序后插入液槽，依此就位；

（5）在液槽预留的4个焊接窗口处，配合环冷机台车的运转，依次将分段的门型密封装置焊接起来，形成闭合的环形；

（6）焊后用煤油做渗透检查，渗漏者要补焊修复，并再行检查。

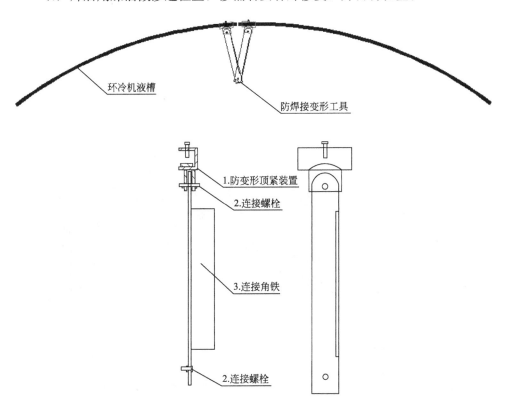

图 1-4　液密封装置防止液槽变形的焊接工具示意图

1.1.2　技术指标

现行国家标准《烧结机械设备工程安装验收规范》GB 50402—2007、《烧结机械设备安装规范》GB 50723—2011、《机械设备安装工程施工及验收通用规范》GB 50231—2009、《现场设备、工业管道焊接工程施工规范》GB 50236—2011、《钢结构工程施工质量验收规范》GB 50205—2001。

1.1.3　适用范围

适用于钢铁冶金领域所有烧结系统环冷机在建、改造工程。

1.1.4　工程案例

宝钢股份烧结系统节能改造工程、宝钢股份三烧结大修改造工程、宝钢广东湛江钢铁基地项目烧结工程一期及二期工程等。

1.2 相关新技术应用图片

图 1-5 环冷机

图 1-6 环冷机曲轨测量

图 1-7 宝钢湛江钢铁基地烧结工程厂区俯视

第2章 焦化设备安装

2.1 大型联排干熄焦机械设备安装技术

2.1.1 技术内容

大型联排干熄焦是联排布置的多座（两座以上）、大型干熄焦装置，利用惰性气体熄灭红焦，同时回收利用红焦的显热，改善焦炭质量，减少环境污染。联排布局具有排列紧凑、减少占地、降低投资、便于施工和维护等优点。

大型联排干熄焦机械设备安装在单座干熄焦施工工艺的基础上，统筹管理、统一规划。

该技术对"多座、联排"干熄焦本体和锅炉装置统一放线，确保设备安装基准，减小累积误差；实现大型吊装机械一次进场、连续作业，减少台班浪费；合理集中设置非标设备组装场地，保证组装平台重复利用，减少组装平台搭设次数；使非标设备加工制作与安装有效衔接，保证流水施工，缩短工期。

大型联排干熄焦机械设备主要由运焦设备、提升机、装入装置、熄焦槽、排出装置、一二次除尘器、循环风机和余热锅炉等组成（图2-1）。

图 2-1 大型联排干熄焦装置

主要施工方法如下：

（1）一条基准中心线控制技术

干熄焦本体、循环系统和锅炉必须严格按照联动生产线要求，控制纵、横、竖（即 X、Y、Z 坐标）三个方向的安装中心。方法是以一条线为基准，然后投放各条"安装基准中心线"进行设备、构件安装。按联动设备安装中心的控制要求，精确投放一条与焦炉中心线和拦焦车轨道中心线平行的基准中心线，作为控制其他中心线的标准。以此基准中心线为基准，再精确分项投放一次除尘器和锅炉的安装控制中心线，及其他设备、构架、槽罐的安装基准线，设中心、标高标板。

（2）钢柱一次落位校正定位技术

钢柱一次落位校正定位技术（图 2-2）用于严格控制高层钢结构钢柱的垂直度偏差，是在钢柱吊装刚刚落位，没有安装横梁、斜撑等构件，连接接头的螺栓也未紧固，完全处于自由状态的情况下，利用缆风绳、链条葫芦及吊装机械吊臂头部摆动施加水平分力，将钢柱强制固定在预定控制点，校正效率高，精度高。

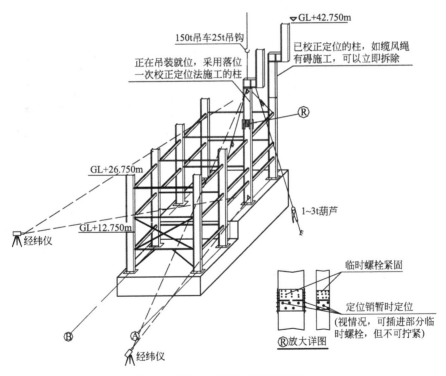

图 2-2　钢柱一次落位校正定位技术

（3）熄焦槽钢结构分段吊装、高空组合、分段摊消制造误差技术

熄焦槽钢结构是采用高强螺栓连接的 H 型钢高层钢结构，熄焦槽钢结构分段吊装、高空组合、分段摊消制造误差技术是利用高强螺栓螺杆与螺孔壁之间的

间隙余量，以钢柱的连接接头为分割基点，分段单件吊装，高空组合，校正，将制造误差分段摊消，取得较高的安装几何精度。

熄焦槽位于熄焦槽钢结构中间，熄焦槽壳体应与熄焦槽钢结构穿插安装，同步施工。

（4）熄焦槽壳体焊接防变形技术

利用强制反变形、分层焊接、对称同步焊接、断续、错位跳焊等工艺，防止焊接热量集中，从而防止熄焦槽壳体焊接变形。

（5）提升机模块化吊装技术

提升机主梁框架（图 2-3）和屋架（图 2-4）分别在地面组装完成后，再进行高空拼装。该模块化吊装方法可减少高空作业，提高作业效率。

图 2-3 提升机主梁框架地面组装　　　图 2-4 提升机屋架组装后吊装

（6）干熄焦全系统动态气密性试验

与传统的"静态保压法"气密性试验不同，"动态气密性试验"是根据干熄焦全系统的结构特点、设备功能，将系统采取一般封堵，允许有一定的漏风量，利用系统内设备（循环风机）不断向系统内送风，使送风量与漏风量之差维持一定的压力，在这种状态下，向焊缝、法兰接合面上喷发泡剂进行检验，如不鼓气泡，即可判定为合格。

2.1.2　技术指标

现行国家标准《焦化机械设备安装规范》GB 50967—2014、《焦化机械设备安装验收规范》GB 50390—2017。

2.1.3　适用范围

适用于多座、联排干熄焦装置机械设备安装。

2.1.4　工程案例

宝钢湛江钢铁有限公司 4×140t/h 干熄焦装置、山东钢铁集团日照有限公司

4×140t/h 干熄焦装置等。

2.2　相关新技术应用图片

图 2-5　干熄焦炉壳分段吊装

图 2-6　干熄炉炉壳吊装

图 2-7　干熄焦一次除尘器

图 2-8　干熄焦提升机

图 2-9　干熄焦主体结构吊装

图 2-10   干熄焦项目全景一

图 2-11   干熄焦项目全景二

第3章 炼铁设备安装

3.1 大型高炉模块化拆装技术

3.1.1 技术内容

在大型高炉拆除与安装过程中，传统的大修方式是将炉壳等设备分割成10～30t不等的小块，需要投入大量的人力和时间。该项技术主要是指采用专业的液压提升、滑移及运输设备，将新旧炉体分为3～4个大吨位的模块进行拆装，可以大大提升效率。

首先在停炉前将新炉壳分为3～4个模块单元进行离线组装，同时将冷却设备、部分耐材随炉壳模块化整体安装，新炉壳的组装位置应根据高炉的总体平面规划合理布置。新炉壳模块单元划分应充分考虑运输的界限和宽度，同时结合炉体工艺设计确定。停炉后，在旧炉体模块化拆除前应完成高炉炉内清渣、炉顶设备及运输通道方向的设备、平台及相关障碍物的拆除。旧炉壳在高度方向分为3～4个模块，随冷却设备、炉内耐材及残铁按照模块单元进行整体拆除。在旧炉体拆除之前应在炉顶的平台设置相应液压提升装置，并将高炉提升受力之后方可切割分离模块。拆除时，应从下至上按照模块单元进行拆除，通过滑移设备将模块单元滑移至运输车辆，然后运送至指定的位置。安装时，高炉应采用倒装法施工工艺，按照新炉体单元模块从上至下分模块安装，首先安装高炉最上部的单元模块，采用运输滑移设备将上部单元模块滑移至高炉基础，采用液压提升设施将单元模块整体提升，然后安装高炉中部的单元模块，采用液压提升设施将单元模块整体提升与上部单元模块焊接成整体，最后安装炉缸单元模块，利用液压提升设施将之前焊接好的模块下放与炉缸模块对接。待新炉体全部安装完成后，恢复炉体运输通道的结构及设备。

一般来说要实现大型高炉模块化拆装，分为两个阶段实施：

（1）停炉前：主要完成高炉基础切割分离、高炉框架加固、新炉体离线组装及运输通道的拆除与地基基础施工。

（2）停炉中：首先应完成炉顶设备拆除、炉内清渣、剩余炉壳运输通道平台拆除及液压提升设备安装调试。然后拆除旧炉缸及旧炉壳中上部，旧炉壳拆除完成后进行高炉基础改造，改造完成后开始回装新炉壳，首先回装新炉壳上段、再回装新炉壳中段，最后回装新炉壳下段。模块化拆除与安装应采用专业的液压滑移、提升及 SPMT 运输模块车辆（图 3-1）。

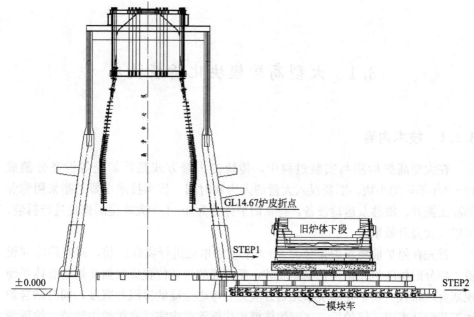

图 3-1　旧炉体模块化拆除示意图

　　大型高炉模块化拆装技术改变了大型高炉传统零散、分散安装模式，大大缩短了工期，提高了工作效率，节约了资源投入，降低了能源消耗和安全风险，达到了安全可靠的目的。

3.1.2　技术指标

　　旧炉壳模块化拆除、新炉壳模块化安装宜分为三段：

　　（1）大型高炉若不放残铁，旧炉缸运输重量一般在 6000t 以上，一般宜采用全程滑移的方式；

　　（2）由于炉壳模块单元的运输重量在 1000t 以上，应合理配置相应的滑移、运输及提升设备；

　　（3）停炉前的各项工作应与生产单位充分结合，确定合理的施工时间。

3.1.3　适用范围

　　适用于大型高炉大修工程，及民用、公共建筑工程。

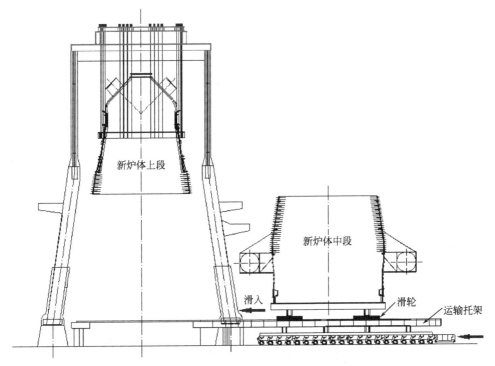

图 3-2　新炉体模块化安装示意图

3.1.4　工程案例

宝钢 1 号高炉大修工程、宝钢 2 号高炉大修工程、宝钢 3 号高炉大修工程、宝钢 4 号高炉大修工程等。

3.2　高炉残铁环保快速解体技术

3.2.1　技术内容

1. 技术特点

随着高炉快速大修工程技术的发展，残铁解体采用绳锯切割是当前最为先进而又可靠的切割技术，绳锯运行轨迹由导轮控制，切割定向性好，对炉壳无影响。实施过程噪声小、粉尘小、环境污染小。相比爆破法和吹氧法清理更安全、环保、可靠，且工期短。

2. 技术方案

残铁绳锯切割工艺是利用绳锯设备对残铁进行分块切割分离，主要内容有操作平台搭设、钻孔、切割设备安装及穿锯、残铁切割分离、残铁清运。

残铁切割工艺流程：

操作平台搭设→钻孔→切割设备安装→穿锯→残铁切割分离→清理。

其中，钻孔、穿锯及切割是核心步骤，具体内容如下：

（1）钻孔：在高炉炉底的碳砖上钻贯穿孔，贯穿孔水平贯穿碳砖的底部；

（2）穿锯：将切割机的绳锯穿入贯穿孔内，使绳锯绕过残铁的侧面和顶部后再连接切割机的马达；

（3）切割：启动马达以开启绳锯，使绳锯从残铁的边缘处向对边移动以将残铁分割。最后将残铁逐块从高炉内运出。

随着残铁的切割，残铁切割驱动装置沿轨道后移以保证绳锯张紧度，切割过程中的磨屑和热量通过冷却系统的冷却水带走。

3.技术优势

该技术与国内外同类技术的比较：

（1）绳锯切割

原理：运用绳锯与残铁之间的摩擦切割残铁。

实施：需在炉壁上钻6～20个孔，用于穿绳锯，绳锯切割过程可控，安装完成后，单人即可操作。绳锯运行轨迹由导轮控制，绳锯切割定向性好，对炉壳无影响。实施过程噪声小、粉尘小、环境污染小。

（2）爆破切割技术

原理：在残铁上钻孔，并在孔内安装炸药爆破。

实施：需在炉内残铁方向，在爆破切割方向上密集打孔，密集打孔需要大量人工机具进入炉内施工。爆破定向性差，过程管控难度大，实施过程易造成炉壳开裂，实施过程安全性低。

（3）氧吹切割技术

原理：利用富氧吹割。

实施：人工吹氧，吹氧过程中产生大量烟尘，铁水喷溅，不仅污染环境，而且易将作业人员烧伤烫伤，安全隐患大。

3.2.2 技术指标

性能指标参数包括：

切割效率（η）：0.5～0.7m²/h；

切割寿命（β）：0.25～0.45m²/m；

切割线速度：22m/s左右；

切割电流：驱动设备电流80～100A；

冷却水系统：总用水10m³/h（主冷却7m³/h，排屑冷却3m³/h）。

该技术应符合现行国家标准《机械设备安装工程施工及验收通用规范》GB
50231—2009、《工业金属管道工程施工规范》GB 50235—2010、《钢结构工程施工质量验收规范》GB 50205—2001 的规定。

3.2.3 适用范围

适用于大型炼铁高炉大修炉缸残铁解体，同样适用于其他行业构筑物、废弃建筑、桥梁等构件的快速解体。

3.2.4 工程案例

梅钢 2 号高炉大修工程、宝钢 3 号和 4 号高炉大修工程、台湾中钢 3 号高炉大修工程、莱钢 1880 高炉大修工程、南钢 1 号高炉大修工程等。

3.3 相关新技术应用图片

3.3.1 大型高炉模块化拆装技术应用图片

图 3-3 旧炉体上段模块拆除

图 3-4　旧炉体下段模块拆除

图 3-5　高炉炉壳离线分段组装

图 3-6　新炉体上段模块化安装

图 3-7　新炉体中段模块化安装

3.3.2 高炉残铁环保快速解体技术应用图片

图 3-8 残铁测量

图 3-9 高炉残铁切割钻孔

图 3-10　高炉残铁切割

图 3-11　冷却装置

图 3-12　驱动及导向装置

图 3-13　高炉残铁倒运

第4章 连铸设备安装

4.1 大型连铸机扇形段设备三维空间坐标测量调整技术

4.1.1 技术内容

板坯连铸机铸流设备布置于受限立体空间内，安装精度要求高，调整难度大，采用常规经纬仪、水准仪，设站困难、测设需进行多次仪器架设，累积误差大，质量、进度、安全等综合效率低。通过全站仪自由设站、利用 AUTOCAD 进行数据分析处理、扇形段在线对中调整技术的研究应用，达到快速、高精度的效果。

1. 扇形段基础框架全站仪自由设站法调整技术

扇形段安装精度的高低直接影响铸坯的质量，其安装精度控制必须经过基础框架调整、离线对中、在线对中等众多工序保证。扇形段基础框架的调整是保证扇形段安装精度和速度的关键工序。采用全站仪自由设站法调整扇形段基础框架，可直接测量框架测量孔坐标，读数精度可以达到 0.01mm，可以快速完成基础框架的调整。

具体实施过程如下：

（1）建立坐标系

1）控制网以外弧中心线和连铸机的铸流中心线在地面的 0 平面上的交点为原点，以外弧中心线到扇形段基础框架的测量孔方向为 X 轴，以连铸机的铸流中心线到扇形段基础框架驱动侧的测量孔方向为 Y 轴，以地面的 0 平面向上到扇形段基础框架的测量孔方向为 Z 轴，建立三维坐标系。在扇形段区域设定 6～8 个控制点，但必须保证每次架设全站仪能同时看到 4 个控制点，如图 4-1、图 4-2 所示。

2）将加工了内倒角的螺帽焊接在基础预埋件上作为控制点，测量时球镜放置在螺帽上，测得球镜球心的三维坐标。

3）利用全站仪默认的坐标系，对扇形段外弧中心线、铸流中心线上的标板点，以及刚刚布设好的控制点进行连测，得到各个控制点的水平坐标，再通过测量地面水准点的标高，把高程传递到控制点上，得到控制点的三维坐标。

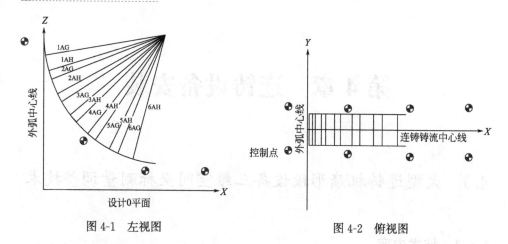

图 4-1　左视图　　　　　　　　　　　图 4-2　俯视图

（2）坐标系转化

运用 AUTOCAD 软件"旋转""移动"功能把全站仪默认坐标系测得的数据转化到已建立的三维坐标系中，通过软件的坐标查询功能获取控制点的三维坐标值。

（3）数据分析

通过自由设站测得每段扇形段测量孔的坐标，利用 AUTOCAD 将坐标偏差分解为半径方向和垂直半径方向偏差，根据偏差调整垫片量，达到精度要求。

（4）基础框架调整

1）全站仪观测 4 个或者 4 个以上控制点后，再测量基础框架测量孔的坐标。通过测量孔测量值和设计值的比较来调整扇形段基础框架。

2）基础框架的调整通过调整扇形段支撑面的调整垫片来完成（图 4-3），弧形段支撑面的调整分解为半径方向的调整、切线方向的调整和铸流方向的调整。

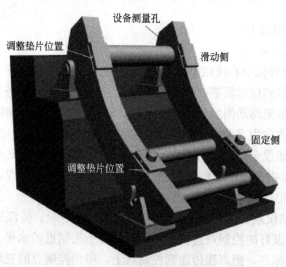

图 4-3　基础框架示意图

　　3）铸流方向的调整通过调整支撑面和固定螺栓间的间隙来达到标准值（图 4-4、图 4-5）。

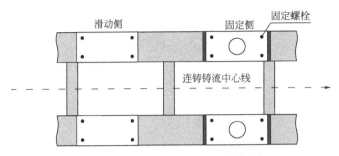

图 4-4　扇形段基础框架调整俯视图

图 4-5　扇形段基础框架调整现场作业图

　　（5）数据分析

　　通过自由设站测得每段扇形段测量孔的坐标，利用 AUTOCAD 将坐标偏差分解为半径方向和垂直半径方向的偏差（图 4-6），根据两个方向的偏差调整垫片量，达到精度要求。

2. 扇形段在线对中调整技术

　　扇形段的对中调整包括离线对中、测试和在线对中，离线对中、测试需对解体的上下框架分别进行，在制造厂家完成。扇形段在线对中的质量直接影响铸坯的质量，对中精度要求高。采用扇形段在线对中技术，扇形段上线后利用专用样板、塞尺进行检验，偏差超标时通过科学的计算方法调整基础框架定位基座处的垫板组，确保各扇形段接口满足设计弧度。

　　实施过程如下（图 4-7）：

　　（1）扇形段辊缝打开到最大位置。

　　（2）结晶器、弯曲段对中样规插入后，以样规贴紧结晶器来校对对中样规的

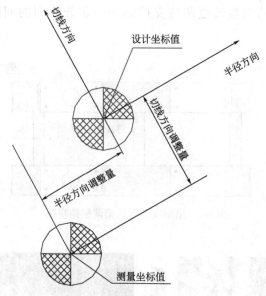

图 4-6　测量偏差分解示意

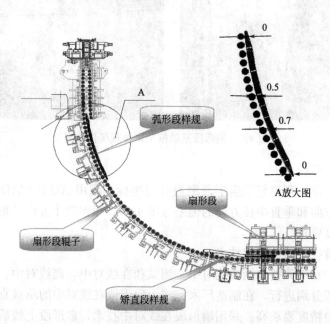

图 4-7　扇形段在线对中示意图

初始位置；当样规定位后，用塞尺检查结晶器铜板与样规、辊面与样规之间的缝隙，通过增减框架和弯曲段之间的垫片，使辊面与样规完全接触，或间隙在允许误差之内。

（3）弯曲段与相邻扇形段对中，采用该区间专用样规，增减框架和扇形段之间的垫片，使辊面与样规间隙在允许误差之内。

（4）弧形段在线对中、矫直段在线对中、水平段在线对中方法与弯曲段对中类似，关键是要选适用于不同扇形段的专用样规。

（5）数据分析：对于采集的数据，应用 AUTOCAD 软件进行差值模拟分析，以垫片厚度 t，计算辊子相对弧心偏移量，使对中调整快速达到精度要求。

4.1.2　技术指标

现行国家标准《炼钢机械设备工程安装验收规范》GB 50403—2017、《炼钢机械设备安装规范》GB 50742—2012、《机械设备安装工程施工及验收通用规范》GB 50231—2009。

4.1.3　适用范围

适用于所有板坯连铸、圆坯连铸、方坯连铸在建及扩建项目铸流设备的测量调整。

4.1.4　工程案例

浦钢 3 号连铸机工程、宝钢广东湛江钢铁基地项目连铸工程、宝钢 1 号连铸机综合改造工程、宝钢 3 号连铸机改造工程等。

4.2　相关新技术应用图片

图 4-8　连铸机扇形段

图 4-9　连铸机扇形段上线

图 4-10　扇形段基础框架底座调整

图 4-11　扇形段基础框架吊装就位

图 4-12　宝钢湛江炼钢连铸厂全景图一

图 4-13　宝钢湛江炼钢连铸厂全景图二

第5章 制氧设备安装

5.1 大型空分冷箱塔器综合安装技术

5.1.1 技术内容

大型空分冷箱塔器安装包括塔器本体及连接管道安装，塔器本体重量大、长度长，吊装高度高，现场吊装、组对调整施工难度大，技术要求高；塔器间连接管道布置密集复杂，立体高空受限空间内作业，安装难度大，且需充分保证管道低温运行状态下变化，安装质量要求高。通过应用塔器三维模拟吊装技术，设计塔器专用调整组对工装，在塔器间连接管道安装中创新应用 BIM 技术等，比传统的安装技术有了较大的提升。

1. 塔器三维模拟吊装技术

冷箱内塔器设备重量大、高度高、体积大，其吊装是安装过程的重点工序。传统做法主要通过常规计算、二维 AUTO CAD 软件辅助设计进行吊车选型、吊索具选择及站位设计等，无法直观模拟验证方案的正确性（如吊装系统各组成部分间有无碰撞等）。现通过应用三维吊装模拟技术，实现容器、吊车、吊锁具、安装空间环境模型自动生成，吊车及吊索具自动选型、计算，吊装全过程的模拟验证，制定最优的吊装方案，确保大件容器快速、准确吊装。

实施过程如下：

（1）模型库中设置塔器设备、平衡梁、现场环境实物等模型，在模型库中直接选取模型样式，输入外形尺寸参数，自动生成三维模型。

（2）根据塔器吊装特点，建立常用钢丝绳数据库，通过输入相关参数，自动计算、选择平衡梁上及梁下钢丝绳的规格，且满足安全、经济、合理的要求，并自动生成模型和计算书。

（3）系统自动提取塔器、平衡梁、钢丝绳的重量作为总起重量，根据塔器高度、塔器支撑高度及跨越冷箱高度等参数，自动计算最大起升高度；检索出符合条件的工况，快速确定最佳工况。

（4）确定吊车最佳站位和塔器的合理放置位置，并模拟吊装全过程（图5-1、

图 5-2)。

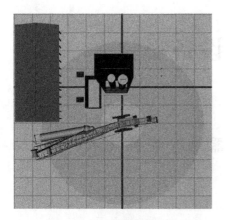

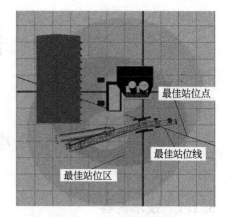

最佳站位点

最佳站位线

最佳站位区

图 5-1　吊车站位设计图 1　　　　　　　　图 5-2　吊车站位设计图 2

（5）实现空分装置塔器吊装过程中吊车与塔器、塔器与冷箱结构、吊车与环境实物、塔器与环境实物的实时碰撞检测模拟（图 5-3、图 5-4）。

图 5-3　吊装模拟过程图 1　　　　　　　　图 5-4　吊装模拟过程图 2

2. 塔器分段高空立体组对调整技术

大型空分冷箱内塔器直径大、塔壁厚、重量大、组对接口位置高，现场分段组对调整难度大、技术要求高。通过应用移动式错边量调整顶具改进以往在塔器筒体上焊接拐板调整错边量的方法，操作方便，在容器的壁板上不会留下工装组对辅助设施（即传统组对作业中所必须的焊接拐板），拆除后也可避免对塔器母材的拉伤。

实施过程如下：

（1）塔器组对前，应先检查下部塔器的垂直度，确认符合设计要求。在上、下段塔器筒体体外侧 0°和 180°方向焊接定位块，组对时保证上下段的定位块在同一直线上。

（2）采用移动式错边量调整顶具对接口进行错边量调整。调整顶具由千斤顶、拉板、拉板销、千斤顶支撑件和拉钩等部件组成（图 5-5、图 5-6）。将拉板水平地置于容器上段、容器下段之间的缝隙内；将拉板销插入拉板的中部通孔内，并使拉板销位于容器上段、容器下段的内壁侧；将拉钩的钩头穿入拉板的左侧、右侧通孔内并将拉板钩住，拉钩的尾端与千斤顶固定端固定连接；千斤顶伸缩端与千斤顶支撑件固定连接，千斤顶支撑件的上顶脚位于容器上段的外壁侧，千斤顶支撑件的下顶脚位于容器下段的外壁侧；使千斤顶动作，利用千斤顶支撑件、拉板、拉钩和拉板销的作用力和反作用力使容器上段、下段的错边量进行调整并最终对中就位，满足设计要求后进行点固焊。点固焊后可以拆除工装顶具移动到下一点错边处进行同样的作业，直至整个容器的上段与下段的组对作业完成。

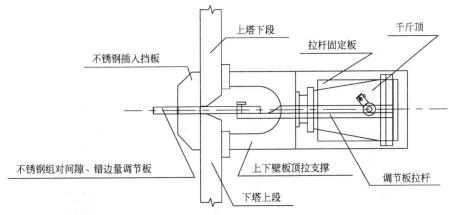

图 5-5　移动式错边量调整顶具侧视图

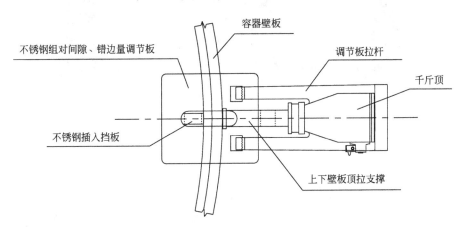

图 5-6　移动式错边量调整顶具俯视图

（3）离组对坡口上下方各 200~300mm 处均匀对称装设数对支撑耳板卡具及千斤顶，采用螺旋式千斤顶均匀顶紧，调整对接口处间隙，符合设计要求。

（4）在对接口错变量、间隙调整符合要求后，对上塔的垂直度重新进行精确调整，并通过塔体顶部0°、90°两个方向钢丝线坠测量塔体的垂直度偏差，确保上段塔器垂直度、上下段塔器复合后在总高范围内垂直度精度均符合设计要求。

3. 基于BIM的塔器连接管道综合安装技术

空分装置冷箱塔器间连接管道主要采用铝镁合金材质和不锈钢材质，布置密集复杂，立体高空受限空间内作业，安装难度大，且需充分保证管道低温运行状态下变化，安装质量要求高。传统方法预制管段分割的合理性、准确性较差，效率较低；无法形象、直观地模拟预制管段安装过程，在施工中不易提前发现可能存在的碰撞问题。通过BIM技术创新应用建立空分装置冷箱内塔器及管道三维立体模型，通过模型和单线图合理快速分割管线，快速确定预制管段安装的顺序及位置，提高管道预制率，优化安装顺序，减少施工平台搭设数量。实施过程如下：

（1）根据空分冷箱内塔器设备、工艺管道设计图纸，完成塔器及管道模型建立（图5-7）。

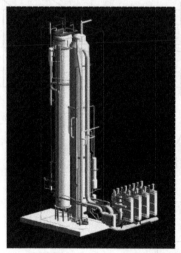

图5-7 塔器及管道模型

（2）依据模型和导出的单线图，结合现场管道预制的难易程度、吊车的吊装高度及塔内管道安装操作平台设置等实际情况，快速、合理分割断点，形成立体预制管段模型。

（3）依据模型清楚识别空间管线的布置，遵循冷箱内管道安装"先里后外，先下后上，先大后小"的总体原则，从而快速确定各条管线预制管段放入冷箱的顺序、位置并模拟其在冷箱内的安装过程。

（4）管道建模过程中进行碰撞检查，发现碰撞，查找原因，进行整改，直至符合要求，主要包括：管道之间、管道与容器之间、管道与冷箱壳体之间的冲突检查。

5.1.2　技术指标

现行国家标准《空分制氧设备安装工程施工与质量验收规范》GB 50677—
2011、《制冷设备、空气分离设备安装工程施工及验收规范》GB 50274—2010、
《机械设备安装工程施工及验收通用规范》GB 50231—2009、《工业金属管道工程
施工规范》GB 50235—2010、《工业金属管道工程施工质量验收规范》GB
50184—2011。

5.1.3　适用范围

适用于冶金、化工等领域所有在建及扩建的空分工程及类似工业安装工程中
大型箱体受限空间内塔器类设备安装。

5.1.4　工程案例

宝钢湛江钢铁基地 1～3 号制氧机搬迁工程、烟台万华林德气体制氧一期工
程、神华宁煤 400 万吨/年煤炭液化项目空分装置工程、大连恒力石化煤制氢配
套空分工程等。

5.2　相关新技术应用图片

图 5-8　塔器对焊

图 5-9　塔器组对

图 5-10　塔器吊装

图 5-11　宝钢湛江钢铁基地项目制氧过程

图 5-12　烟台万华林德气体制氧一期工程

第6章　炼钢设备安装

6.1　大型转炉线外组装整体安装技术

中国的钢铁工业在近 30 年期间取得了巨大发展。1980 年以前，国内炼钢转炉容量较小，炼钢核心转炉设备安装一般采用卷扬机牵引滑车组吊装。

自宝钢工程一期引进公称容量 300t 大型氧气顶吹炼钢转炉以来，成为我国最大的转炉，为三点支承球面带销螺栓固定式的氧气顶吹转炉，结构形式由炉体、托圈、支承轴承座、倾动装置四大部分组成，炉体外形由锥球形炉底和锥形炉帽以及圆柱炉身组成；引进转炉工艺设备的同时也引进了安装工艺和技术，主要是转炉本体"专用台架移送法"安装工艺。

由于升级改造及生产工艺的要求，为降低安装作业风险和工作效率，在以往安装工艺的基础上研发了新的安装工艺，即线外组装整体安装的施工工艺。

6.1.1　技术内容

1. 技术特点

在厂房结构设计没有考虑转炉安装的情况下，利用炉前平台框架自行设置轨道梁并铺设轨道组装转炉全部部件，实现炉壳分段或整体组装工艺，达到整体滑移、一次就位安装转炉的目标。

在转炉整体滑移的同时，完成了转炉倾动装置的安装，解决了以往在转炉就位后转炉跨无起重设备的情况下安装倾动装置的难题，减少了作业人员的劳动强度和风险。

2. 施工工艺

（1）根据已施工完成的转炉基础、转炉整体设备重量等参数及钢渣小车轨道基础的施工情况设计、核验转炉线外组装整体滑移的支撑框架系统装置；

（2）根据支撑框架系统装置的设计图纸制作并现场组装就位，为转炉的组装创造条件；

（3）组装时，首先在滑移梁上铺设轨道，滑移梁的上表面与转炉轴承座支座的上表面平或略高于支座的上表面，便于轴承座滑移时就位；

（4）完成炉壳的组装、炉壳焊接及无损检测工作，检验合格后与托圈进行组装；

（5）在轨道上组装托圈、炉壳及三点连接装置组装完成，紧固力满足设计要求；

（6）利用钢水接受跨的行车将倾动装置安装在耳轴上；

（7）采用液压千斤顶顶推轴承座，保持两侧轴承座同步，推移至转炉中心位置；

（8）再顶升炉壳抽出滑移板后落位在支承座上，完成炉壳及倾动装置的就位及安装工序。

6.1.2　技术指标

现行国家标准《钢结构工程施工规范》GB 50755—2012、《钢结构焊接规范》GB 50661—2011、《钢结构工程施工质量验收规范》GB 50205—2001、《机械设备安装工程施工及验收通用规范》GB 50231—2009、《炼钢机械设备工程安装验收规范》GB 50403—2017、《炼钢机械设备安装规范》GB 50742—2012。

6.1.3　适用范围

独立设计滑移支撑台架，满足在台架上完成焊接炉壳、组装转炉及倾动装置等全部部件的要求，实现转炉设备整体组装，达到整体滑移的工艺要求，一次就位安装转炉。

6.1.4　工程案例

广东阳春钢铁有限公司一期炼钢项目转炉安装工程、宁波建龙钢厂二期炼钢项目转炉安装工程、越南河静钢铁有限公司转炉安装工程等。

6.2　相关新技术应用图片

图 6-1　转炉线外组装

图 6-2　转炉线外组装焊接

图 6-3　转炉倾动装置安装

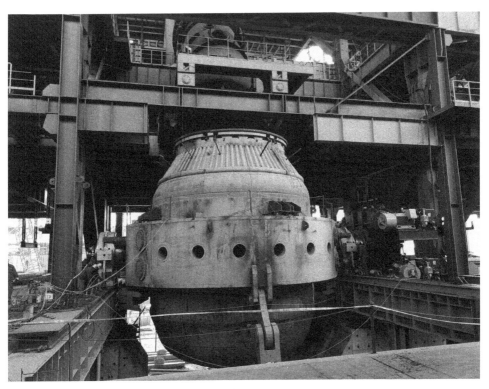

图 6-4　转炉滑移就位

第7章 轧钢设备安装

7.1 大型轧机吊装技术

7.1.1 技术内容

大型轧机吊装技术主要包括"基础预留法"吊装技术、"牛腿旋转法"吊装技术、"专用吊具"吊装技术和立辊轧机吊装技术等，主要解决生产车间内行车吊装能力不足、吊装高度不够和环境受限的三大难题，具有操作性好、安全性高、经济效益显著等优点。

1."基础预留法"吊装技术

"基础预留法"吊装技术主要采用预留部分基础先不施工，降低轧机牌坊吊装旋转直立时旋转点的标高，大大降低了起吊时对行车提升高度的要求，为轧机牌坊吊装提供了足够的吊装空间，待轧机牌坊吊装完成后再进行预留基础的施工（图7-1）。

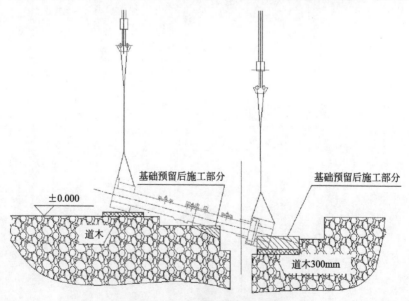

图 7-1 基础预留法实施示意图

2."牛腿旋转法"吊装技术

"牛腿旋转法"吊装技术利用临时支撑结构，把轧机牌坊放置在临时支撑结构上，轧机牌坊吊装时以轧机牌坊的牛腿为旋转点进行旋转吊装。由于旋转中心由轧机牌坊底部改为轧机牌坊中下部的牛腿处，旋转时牛腿以下部分在临时支撑结构内部，大大降低了起吊时对行车提升高度的要求，为轧机牌坊吊装提供了足够的吊装空间（图 7-2）。

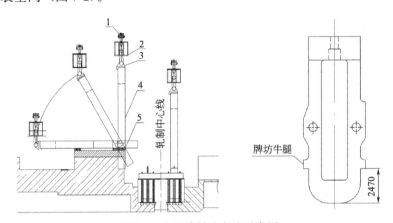

图 7-2 牛腿旋转法实施示意图

1—行车主钩；2—扁担梁；3—吊具；4—轧机机架；5—木垫板临时支撑

3."专用吊具"吊装技术

（1）大型热轧粗轧机牌坊吊装专用吊具

粗轧机吊具为内嵌式，可有效降低对起升高度的要求，吊具与牌坊的配合面加工精度高，有利于对牌坊加工面的保护；吊具完全内置于牌坊内部，更适合在高度方向空间狭小的情况下使用；适用于轧机牌坊顶部设有压下螺母孔的轧机牌坊的吊装；外圈的直径可以调整改变，适用于压下螺母孔直径不同轧机牌坊的吊装，通用性强（图 7-3）。

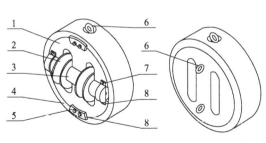

图 7-3 大型热轧粗轧机牌坊吊装专用吊具示意图

1—底座；2—滑轮；3—轴；4—外圈；5—托板；6—吊环；7—托座；8—螺栓

（2）大型热轧精轧机牌坊吊装专用吊具

精轧机吊具为外露式，适用于精轧机牌坊顶部设有螺栓孔的牌坊吊装，使用时钢丝绳可通过滑轮进行自动调整（图7-4）。

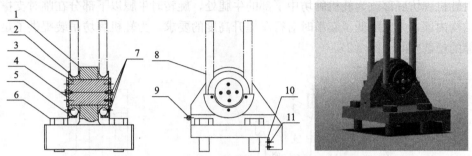

图7-4　大型热轧精轧机牌坊吊装专用吊具示意图

1—底座；2—滑轮；3—轴；4—轴端挡板；5—钢丝绳挡板；6—高强螺栓；
7—螺栓；8—钢丝绳；9—吊环螺栓；10—垫板；11—内六角螺栓

（3）大型轧机牌坊卸车专用吊具

大型轧机牌坊卸车专用吊具使用时由行车把卸车吊具吊至轧机牌坊上方，使卸车吊具底座长度方向与轧机牌坊长度方向平行，放置到轧机牌坊底部，然后把卸车吊具旋转90°，使卸车吊具长度方向与轧机牌坊长度方向垂直，然后提升卸车，把轧机牌坊放置到指定位置（图7-5）。

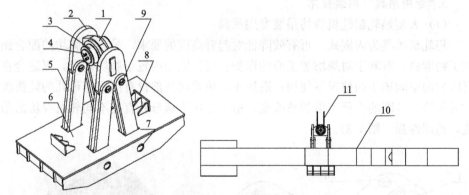

图7-5　大型轧机牌坊卸车专用吊具示意图

1—短梁；2—连接板；3—滑轮；4—轴端挡板；5—拉杆；6—底座；7—手孔；
8—止挡板；9—轴端挡板；10—轧机牌坊；11—钢丝绳

（4）旋转式联合专用吊具

可旋转联合吊具主要由承重梁、可调挂钩装置、旋转吊钩组成，具有挂钩调整和吊钩旋转的功能，满足不同规格行车的悬挂和不同方向位置的起吊，解决了生产车间内行车起重量不够和吊装旋转方向的难题（图7-6）。

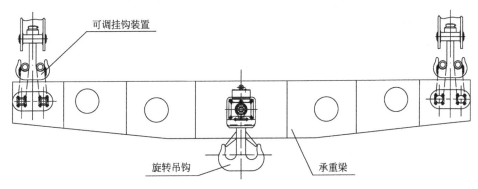

图 7-6　旋转式联合专用吊具示意图

4. 横向滑移垂直液压顶升特大型轧机技术

（1）横向滑移技术

横向滑移技术主要是完成轧机牌坊的横向滑移，使之移动到轧机牌坊顶升位置。首先将轨道铺设好，并找正固定；随后将夹轨器、后部滑移小车、滑移液压缸和前部滑移小车就位到轨道上，根据轧机牌坊的高度确定后部滑移小车和前部滑移小车间的距离；而后将轧机牌坊就位在后部滑移小车和前部滑移小车上。

（2）垂直液压顶升技术

全自动液压顶升装置主要由底座、滑移立柱、框架顶梁、滑移横梁、顶升梁及吊具等组成；并配备液压执行机构、监测系统和气动控制系统（图 7-7）。利用

图 7-7　全自动液压顶升装置示意图

双作用大吨位液压缸升降原理，使重物在顶升装置的带动下，沿立柱做间歇式升降运动，达到吊装特大型轧机的目的。

5. 防止特大型轧机吊装直立时发生摆动技术

对于特大型轧机的吊装通常采用以轧机牌坊底部和滑移小车的接触点为旋转点进行旋转的方法吊装，而当轧机牌坊进入铅垂位置前，轧机牌坊与滑移小车的接触点与吊装点处于同一铅垂面上时，轧机牌坊底部刚好与滑移小车脱离，此时滑移小车对轧机牌坊的支反力为零，轧机牌坊将在重力力矩的作用下，将绕吊装点进行自由摆动，轧机牌坊的自由摆动会严重影响液压顶升装置的稳定性，从而降低了特大型轧机吊装的安全性（图7-8）。图7-8～图7-14中所示数字分别表示：1—滑移小车；2—轧机牌坊；3—液压顶升装置；4—道木；5—槽钢；6—吊装点；7—轧机牌坊重心；8—初始旋转点；9—最终旋转点。

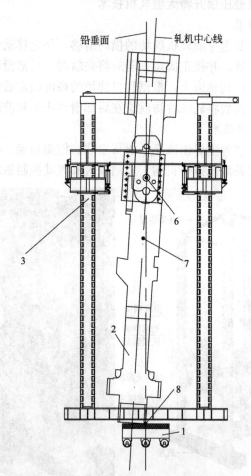

图7-8　特大型轧机吊装直立时发生摆动临界状态示意图

该技术分两个阶段实施，具体实施如下：

第一阶段的主要工作是计算轧机牌坊底部与滑移小车之间的临界距离 A，即当轧机牌坊以初始旋转点旋转时，轧机牌坊底部刚好与滑移小车脱离，此时轧机牌坊底部与滑移小车之间的距离则为轧机牌坊底部与滑移小车之间的临界距离 A。具体做法为利用 CAD 计算机软件按 1：1 的比例绘制滑移小车、轧机牌坊、吊装点、轧机牌坊重心、初始旋转点，并以初始旋转点旋转轧机牌坊，使初始旋转点与吊装点处于同一铅垂面上，量取轧机中心线处轧机牌坊底部与滑移小车之间的距离，即为轧机牌坊底部与滑移小车之间的临界距离 A，如图 7-9 所示。

第二阶段的主要工作是该技术方案的实施，完成轧机牌坊的直立。首先在滑移小车上铺设一排道木。其中，道木的长度 L 为轧机中心线距离滑移小车尾部的距离，道木的高度 B 应比轧机牌坊底部与滑移小车之间的临界距离 A 大至少 $50\sim100\mathrm{mm}$，便于轧机牌坊在直立过程中，能够顺利完成由初始旋转

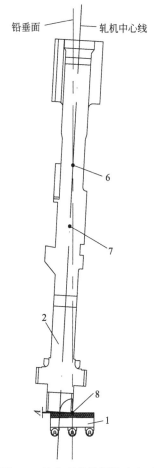

图 7-9　特大型轧机吊装直立时发生摆动临界距离计算示意图

点向最终旋转点的过渡，确保特大型轧机牌坊吊装直立时不发生自由摆动。其次，在滑移小车的尾部焊接槽钢，防止道木的窜动。吊装轧机牌坊以初始旋转点旋转到如图 7-10 所示位置。接着继续吊装轧机牌坊以初始旋转点旋转，使轧机牌坊与道木接触，如图 7-11 所示。随后吊装轧机牌坊时，则轧机牌坊将以最终旋转点进行旋转，如图 7-12 所示。再次，以最终旋转点进行轧机牌坊旋转吊装直至直立，如图 7-13 所示。轧机牌坊以最终旋转点旋转吊装，在轧机牌坊进入铅垂位置时，轧机牌坊的吊装点、轧机牌坊重心和最终旋转点处于同一铅垂面上，重力力矩为零，轧机牌坊平稳完成直立，保证了轧机牌坊吊装安全性，如图 7-14 所示。

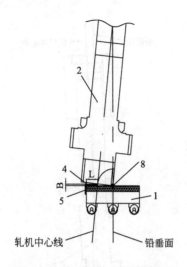

图 7-10　防止特大型轧机吊装直
立时发生摆动示意图一

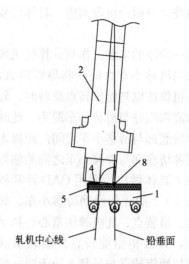

图 7-11　防止特大型轧机吊装直
立时发生摆动示意图二

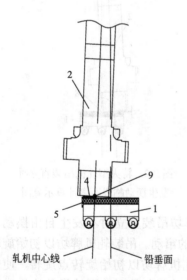

图 7-12　防止特大型轧机吊装直
立时发生摆动示意图三

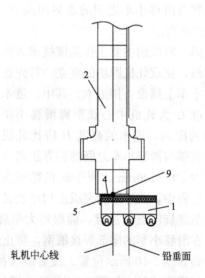

图 7-13　防止特大型轧机吊装直
立时发生摆动示意图四

7.1.2　技术指标

　　现行国家标准《轧机机械设备安装规范》GB/T 50744—2011、《轧机机械设备工程安装验收规范》GB 50386—2016。

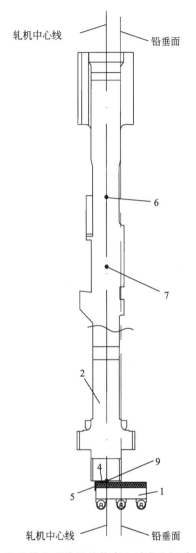

图 7-14 防止特大型轧机吊装直立时发生摆动示意图五

7.1.3 适用范围

适用于所有新建、搬迁等工程中轧机设备吊装等。

7.1.4 工程案例

宝钢 1880mm 热轧工程、攀钢 2050mm 热轧工程、燕钢 1780mm 热轧工程、马钢 1580mm 热轧工程、福建鼎信 1780mm 热轧工程和南钢 4700mm 宽厚板工程等。

7.2 大型步进式加热炉施工技术

7.2.1 技术内容

大型步进式加热炉施工技术主要包括设备精准安装技术、工业管道施工技术和电气配套设施施工技术，该技术大幅度提高了工作效率，降低了施工成本，经济效益显著。

1. 加热炉设备精准安装技术

（1）炉底设备施工技术

步进式加热炉斜轨底座是一种工作面处于非水平或垂直状态的倾斜式设备底座，利用与倾斜式设备配套的模板，模板与设备贴合紧密，保证模板和设备间的组合高度和倾斜作业面的相对夹角，模板的上表面基本水平，通过将测量点转移至与之相匹配的模板上，来测量模具顶部的纵横向水平度、顶部标高，以及模具中心到参考轴线的纵横向水平偏差，确定设备的安装位置。

在倾斜式设备就位后，将模具与设备相互组合之后，仅对模具（或模具相互之间）进行找平、找正、找标高，对多项几何尺寸经过调整、复测，最终使倾斜式设备达到设计及规范要求，由于制作模具所采用的板材厚度较薄，重量较轻，可由人工自由搬运，不受大型吊装设备的限制，且模具可重复利用，有利于多台设备的同时调整（图 7-15）。

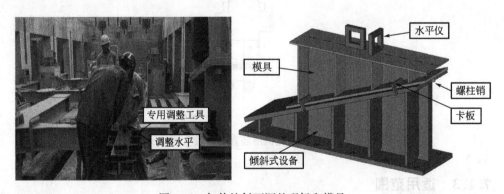

图 7-15 加热炉斜面调整现场和模具

（2）加热炉炉体结构建造技术

使用加热炉侧烧嘴安装用踏脚支架、侧墙板防脱钩吊装夹具以及炉顶钢结构横梁倒运卡具，解决了步进式加热炉烧嘴安装位置高、焊接作业无临时平台、施工困难；侧墙板吊装过程中，脱钩、造成构件脱落的吊装、安装难题。该套专用工具制作简单、使用方便，重复利用率高且安全可靠，提高了施工效率。

通过使用多用途施工模板系统（图 7-16），采用工字钢和脚手管混合支撑，增大了工人操作空间，提高了工作效率；减小了工字钢的总体使用量的同时，提升了支模速度，缩短了工期；设置对拉螺栓，有效减小工字钢和脚手管使用量的同时，减小了涨膜现象的发生，降低了材料损耗，保证了墙衬平整度、垂直度等尺寸要求，提高了施工质量；根据不同材质浇注料和可塑料选用木模板和钢模板，提高了墙衬工作面平整度等表面质量；支撑结构不变的情况下，木质和钢制模板均可搭配使用，适用于多种用途施工，有效地提高了支护结构的使用和周转率，减小了损耗，提高了经济和环境效益，解决了施工过程中的胀模现象，降低了材料损耗，提高了施工质量。

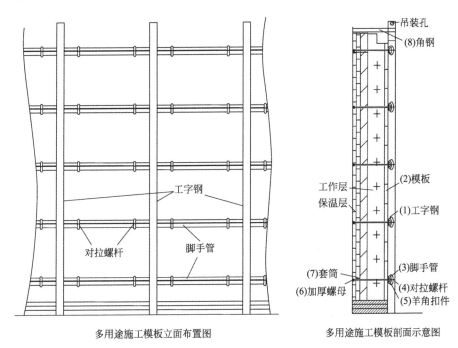

多用途施工模板立面布置图　　　　多用途施工模板剖面示意图

图 7-16　多用途施工模板体系图

2. 工业管道施工技术

（1）非标管道模块化安装技术

利用 BIM 对加热炉非标准管道建立三维模型进行模拟安装，并根据设计图纸、安装部位以及管道的形状进行合理的模块单元划分，模块单元中包括管线中的阀门、流量孔板及膨胀节等管道元件，该模块单元在场外制作组装，现场快速安装。

（2）热空气管道内衬安装技术

浇注料结构形式内衬，施工时圆形模板的制作难度大，模板安装和拆除操作程序复杂，速度慢，为便于浇注，需要在沿着管道长度方向的壳体上部开设浇注口，浇注完成后再将浇注口的壳体恢复封闭，施工全过程工序多、速度慢；而轻质砖与隔热层的混合结构形式，施工时先进行隔热层的纤维毯和纤维板的铺设，然后进行工作层轻质黏土砖砌筑，操作相对简便快速，但由于轻质砖强度较低，管道三通及弯头处由于气流冲刷容易造成内衬轻质黏土砖磨损严重和脱落，生产中经常需要进行维修。

直管处采用隔热层轻质砖结构，弯头三通处采用浇注料的混合内衬结构形式（图 7-17），采用轻质浇注料结构形式，运用涂抹施工的方法，无需模板支护，更重要的是作为易受气流冲刷的部位，采用此技术施工，显著提升了内衬质量，有效延长了使用寿命。

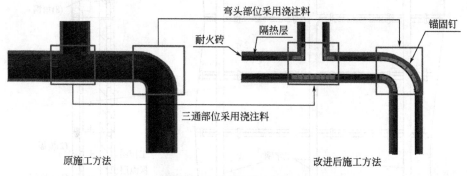

图 7-17　空气管道内衬施工图

3. 加热炉电气配套设施施工技术

（1）加热炉区电气小管径钢管弯制技术

利用小管径钢管弯制施工模具，解决了小管径钢管弯制各类异形弯的难题，提高了钢管的安装效率，保证了钢管弯制安装。通过两个滑轮组进行辅助施工，避免了钢管两处圆弧不在同一直线上的弊病，提高了弯管精确度，提高了施工效率。

（2）加热炉电气设备运输技术

针对小体积盘柜运输及安装，采用单提升架及两侧带顶升装置，将装置移动至盘柜两端，利用装置单横梁上 4 个吊装点，采用吊具与设备上的吊装环连接，然后利用装置上的顶升装置，将盘柜升起，然后推移装置带动盘柜，进行运输及安装。能够减少大型吊具的使用，同时节约施工成本。

针对大型盘柜或成组盘柜运输及安装，采用双横梁提升架及两侧顶升装置，在装置顶端设置双档支撑，其多个部位可根据大型设备的吊装点，进行间距调整。方法为在盘柜安装坐落在其基础框架上时，采用两端顶升装置控制盘柜的就位位置，避免传统施工工艺在盘柜就位时人力和物力的投入，且采用人力或大锤撬杠等工具，易对设备造成损伤。

7.2.2 技术指标

现行国家标准《钢铁厂加热炉工程质量验收规范》GB 50825—2013、《轧机机械设备安装规范》GB/T 50744—2011、《轧机机械设备工程安装验收规范》GB 50386—2016。

7.2.3 适用范围

适用于新建、技改和搬迁等项目的大型步进式加热炉施工。

7.2.4 工程案例

浦钢宽厚板 4200mm 热轧搬迁工程、南京梅山 1780mm 热轧技改工程、宝钢 1580mm 热轧加热炉改造、日照 2050mm 热轧工程等。

7.3 相关新技术应用图片

7.3.1 大型轧机吊装技术应用图片

图 7-18 横移小车

图 7-19   宝钢湛江热轧工程

图 7-20　福建鼎信热轧工程吊具

图 7-21　梅钢 1780 热轧机组

图 7-22　梅钢 1780 热轧完成

图 7-23　南钢全自动液压顶升装置

图 7-24　乌钢双机台吊

7.3.2 大型步进式加热炉成套施工技术应用图片

图 7-25 炉底钢结构

图 7-26　平移框架安装

图 7-27　加热炉炉墙保温层砌筑完成

图 7-28　管道保温施工完成

图 7-29　加热炉投产使用

第8章 起重机安装

8.1 铸造起重机柔性钢绞线液压同步提升安装技术

8.1.1 技术内容

1. 技术特点

大型铸造起重机安装是冶炼项目安装中的重要施工步骤，为后续的设备安装创造条件，此种类型的起重机安装方法有多种，如在新建项目上可以使用大型汽车吊或履带式起重机进行安装，但这些方法对现场的场地条件、厂房结构要求都有一定的限制，甚至在需要的时候还可能对安装区域的屋面进行拆除，给施工组织带来诸多的不便，尤其在已生产的冶炼工厂改造新增或更换铸造起重机等施工时，极大地影响了工厂生产，施工条件协调难度非常大，同时也增大了作业风险的管控难度。

大型铸造起重机液压同步提升安装技术就是在一些受限制的特殊条件下利用厂房结构解决冶炼工厂中大型铸造起重机安装的问题，该技术的场地适应性、操控的远程性及施工的快捷性缩短了施工总体周期，降低了作业人员的作业风险，减少了大型施工机械的成本。

2. 施工工艺

（1）安装参数

一般冶炼工厂使用450t、320t等大型铸造起重机，现以某钢厂钢水接受跨的320t大型铸造起重机的安装工程为例介绍相关参数：

1）320t铸造桥式起重机跨度27m，轨面标高29.02m，主要由主、副梁和端梁以及主副小车、司机室、吊具等主要部件组成；

2）主梁长度27m，司机室侧主梁重量（包括大车运行机构等部件）135t；

3）主小车长度15m，宽度为8.4m，重量为155t。

（2）安装流程，如图8-1所示。

（3）施工步骤

1）根据设备进场路线、设备堆放组装的平面布置图，准备设备吊装所使用

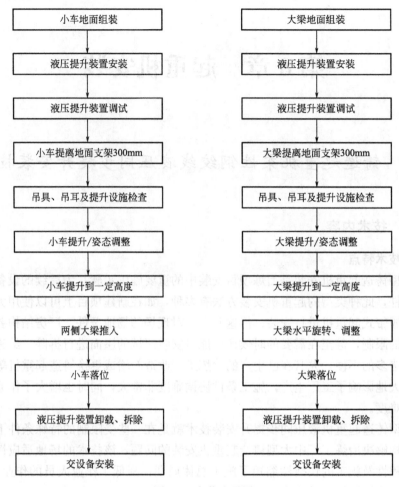

图 8-1 安装流程图

的场地，道路要畅通，保证机电设备和施工材料有进场道路，确保行车安装工作的顺利进行。

2）液压提升设备前期施工准备：提升器液压泵站的检查与调试、泵站耐压试验、泄漏检查、可靠性检查；液压提升器主油缸及锚具缸的耐压和泄漏试验、液压锁的可靠性试验；计算机控制系统检测与试验；控制柜、启动柜及各种传感器的检查与调试；钢绞线质量检查。

3）屋面结构加固措施：根据吊点设置在屋面梁上的位置，结合提升器安装所需要的节点形式进行强度和稳定性核验，首先建立整体模型，并进行受力分析，如图 8-2 所示，根据分析结果选择加固方案和措施，并最终加固。

4）利用屋面大梁及搭设操作平台，悬挂安装提升吊架及液压提升器（共两

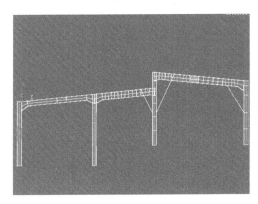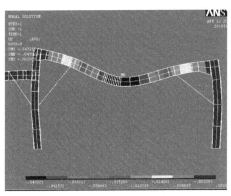

图8-2　厂房柱及屋面梁整体受力模型

套），安装钢绞线及提升专用吊具，如图8-3所示。

5）行车大梁或上、下小车在地面上分别组装；提升专用吊具与行车大梁或上下小车上的吊耳通过销轴连接，张紧钢绞线；整体提升大梁或小车，如图8-4所示。至离开支承面约200mm后，液压提升器暂停提升作业，检查提升设施、吊具及吊耳等，确认各部分工作情况正常；并调整行车大梁或小车的空中姿态；检查、调整完毕后，液压提升器提升行车大梁或小车至超出大车/小车轨道一定高度，高度以方便进行下道安装工序为准。

6）液压提升器暂时处于停止工作状态，依靠系统自锁能力和临时固定措施保持设备空中姿态。水平旋转行车大梁或将两侧行车大梁推入；液压提升器进行下降作业，设备落位、固定。

7）液压提升器卸载、拆除，交后续设备安装。

8.1.2　技术指标

现行国家标准《起重设备安装工程施工及验收规范》GB 50278—2010、《钢结构工程施工规范》GB 50755—2012、《钢结构焊接规范》GB 50661—2011、《钢结构工程施工质量验收规范》GB 50205—2001、《机械设备安装工程施工及验收通用规范》GB 50231—2009、《大型设备吊装工程施工工艺标准》SH/T 3515—2003、《重要用途钢丝绳》GB 8918—2006。

8.1.3　适用范围

适用于大型钢厂的厂房内等受限条件下利用屋面梁，进行大型设备安装以及工业安装项目上超大、超高或超重等大型设备、罐体等吊装就位。

8.1.4　工程案例

宁波钢铁公司炼钢项目改造工程、宝钢宽厚板连铸项目。

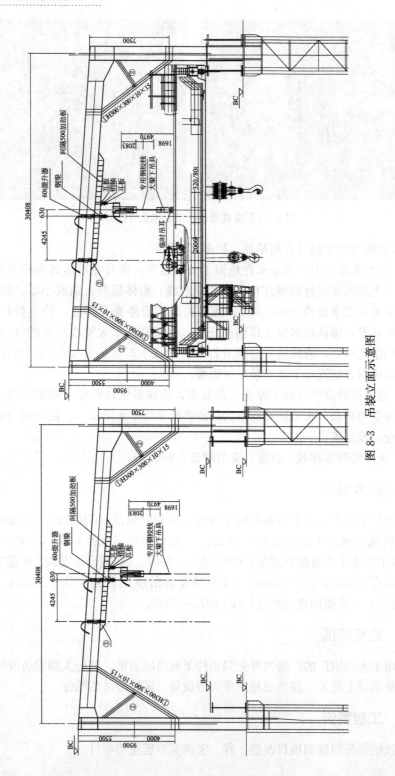

图 8-3　吊装立面示意图

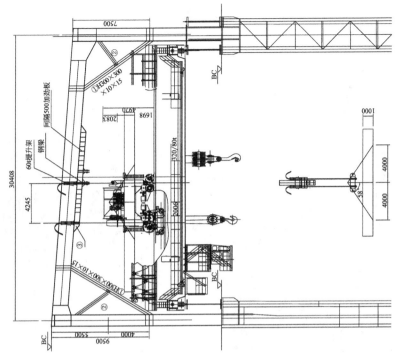

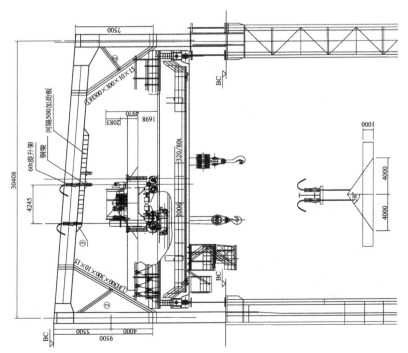

图 8-4　设备就位示意图

8.2 相关新技术应用图片

图 8-5 起重机大梁提升

图 8-6 起重机大梁液压提升到位

图 8-7　起重机小车提升到位

图 8-8　起重机组装完成

第9章 工业管道安装

9.1 基于BIM的智能化管线施工技术

现代工业厂房中动能管线的实用性和视觉的美观性已经日益为人们所重视，建筑物中各种介质管道、通风暖通系统管道、电力系统路由、消防系统及智能控制系统更为合理的空间布局规划、便捷的实施显得尤为重要，因此，通过BIM技术实现工业管道的空间深化设计的可视化，是解决此类问题的途径。

9.1.1 技术内容

1. 技术特点

通过BIM技术建立管道模型，具有可视化、优化设计以及可与多种软件结合进行深化设计等特点，极大提升了工业管道尤其是大型工业设施的综合管道的施工技术及管理。

（1）将二维转化为三维，具有可视化直观效果

BIM建立的三维模型，可产生极强的视觉效果；简单、清晰，既可微观又可宏观，同时可全方位观察分析。

（2）多专业BIM模型闭合，找到优化设计方案

常规的工业管道平面设计，总会存在这样那样的问题，例如，管道自身及其与机电、建筑、结构专业干涉，缺少预留洞口，缺少支架或预埋件，占用安全通道等。通过建筑、结构、机电专业的BIM模型闭合，针对暴露出的上述问题，可提供问题解决或优化设计方案。

（3）与多种软件结合深化设计

1）基于BIM的数字化管道深化设计

在满足碰撞模型的基础上，根据管材直径、管壁厚度、管件规格、阀门类型等建立三维模型库，将不同的管材数据参数输入到模型当中创建管线的三维模型图纸，形成可导出的加工图纸及材料清单。

2）移动式管道生产线装备集成技术

"管道焊接管理＋宝冶BIM协同平台＋构件成品追踪管理平台＋PDSOFT"

软件的开发实现了管道预制、现场集成式设备生产、管道出库、条形码发货、信息资源云平台共享等全流程、全方位可控，智能化、集成化程度极高，建立了设计、管道加工及现场安装互动平台。

3）对预制或安装完成管道进行信息标记

利用 Revit 插件对预制管道进行分段，同时生成数字化模型信息（其中包括管段长度、焊缝标注、分段标注、标高等信息），极大方便了压力管道管理。

4）试压管道的有限元数值计算模拟

采用三维软件构建各部件的 3D 模型，而后导入有限元分析软件中，设置边界条件和试压工况，而后开展静应力分析，获得各个部件的应力云图，分析压力管道、左右法兰、盲板、连接螺栓等元件的应力分布状况和应变状态，快速发现危险截面、薄弱部位及最大应力应变位置，验证理论分析结果的合理性，同时可为选取合适的压力管道参数和材料提供依据。

5）应用 BIM 技术实施相关的计划与跟踪检查

空间检查、施工进度检查、安装检查等。

2. 实施流程

合同技术交底→施工图会审→施工图设计交底→制定 BIM 设计内容及确定模型的细致程度→制定 BIM 模型构建标准及出图细则→制定各专业管线优化原则→制定 BIM 深化设计计划→BIM 深化图纸联合审核→BIM 深化设计交底→设计、加工或安装互动。

9.1.2 技术指标

现行国家和地方标准《民用建筑信息模型设计标准》DB 11/T 1069—2014、《房屋建筑制图统一标准》GB/T 50001—2017、《总图制图标准》GB/T 50103—2010、《建筑制图标准》GB/T 50104—2010、《建筑结构制图标准》GB/T 50105—2010、《建筑给水排水制图标准》GB/T 50106—2010、《暖通空调制图标准》GB/T 50114—2010、《建筑电气制图标准》GB/T 50786—2012。

综合管线布置与技术应符合现行国家和行业标准《建筑给水排水设计规范》GB 50015—2003、《工业建筑供暖通风与空气调节设计规范》GB 50019—2015、《民用建筑电气设计规范》JGJ 16—2008、《建筑通风和排烟系统用防火阀门》GB 15930—2007、《自动喷水灭火系统设计规范》GB 50084—2017、《工业金属管道工程施工规范》GB 50235—2010、《工业金属管道设计规范》GB 50316—2000、《压力管道规范工业管道》GB/T 20801—2006。

9.1.3 适用范围

适用于大型冶金、石油化工、发电等工业项目在建及扩建项目。

9.1.4　工程案例

台塑越南河静炼钢连铸工程、天津忠旺 1 号热轧工程、本溪钢厂三冷轧 1870 热镀锌机组工程、宝钢湛江 1 号高炉工程等。

9.2　液压管道酸洗、冲洗技术

9.2.1　液压、润滑气液混合冲洗技术

1. 技术内容

液压、润滑气液混合冲洗技术包括气液环保型油冲洗新技术、智能化高效节能油冲洗新技术、液压系统管道整体试压新技术，主要解决液压管道油冲洗、油品净化和整体压力试验的难题，具有冲洗效率高、冲洗质量高、节能环保、安全可靠、施工成本低等优点，适应现代冶金工程的发展方向，并能满足社会节能减排、低碳环保的要求。

（1）气液环保型油冲洗新技术

1）管道高效清洁技术

采用压缩空气推动高密度的聚亚氨酯泡沫体在管道内部高速旋转前进，摩擦、吸收管道内壁的杂质，达到清洁管道的目的，改变管道内部清洗由化学过程转为物理过程，实现了管道在线清洗过程中盐酸等化学物质的零使用、零排放，避免了环境污染（图 9-1、图 9-2）。

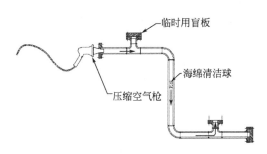

图 9-1　通球示意图

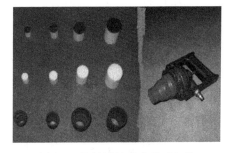

图 9-2　海绵清洁球和通球气枪

2）紊流油冲洗及在线快速检测技术

在管径、冲洗液和环境温度一定时，雷诺数值主要由液体流量决定，流量越大雷诺数越大，油分子窜动越剧烈，冲洗效果越佳。利用该原理自主研制了液压系统油冲洗装置，包括油箱、油泵、过滤器、加热冷却装置、清洁人孔等，根据不同的管径选择不同规格的软管与要冲洗的管段用法兰相连接。供回油的软管都

连接以后，再把泵的供油口与冲洗油的供油点相连接，并确认冲洗供回油的阀门都处于关闭状态，以上准备工作做好后就可以开始冲洗。按下试压装置的电源开关，然后打开试压装置的供油阀门，管道内开始充油，保证管道内的油液达到紊流状态，根据取样分析仪显示屏所显示的冲洗油等级报告来判断是否还需要进一步冲洗。冲洗合格后的管段应及时复位，并做好标记，以免混淆。同时可以准备继续进行下一路管道的冲洗工作。流量大且集试压、冲洗和检测为一体，机动灵活，冲洗过程可与管道敷设同步进行，适合流水作业。采用在线检测技术替代油样试验室检测，实现了冲洗环路的智能切换，提高了冲洗效率，达到了小管径液压管道（$DN40$）快速油冲洗的目的（图9-3）。

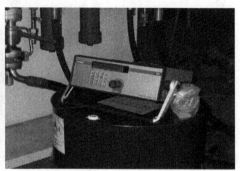

图 9-3　紊流油冲洗装置及在线检测仪

（2）智能化高效节能油冲洗新技术

1）智能化高效节能双向油冲洗技术

使用智能化高效节能环保型管道在线油冲洗装置，该装置具有智能多模式冲洗功能，可根据需要选择调试模式、手动模式、智能冲洗模式。本装置通过自动化控制系统，对冲洗中的参数：冲洗压力、流量、油温、液位、过滤器压差进行连锁及实时监控，动态调整各项参数，自动进行检测和回路切换，使管道系统保持最有效的冲洗状态，实现智能化高效冲洗。

利用双向油冲洗装置，通过控制阀门 A、阀门 B、阀门 C、阀门 D 的开闭来实现正反双向冲洗。正向冲洗时，冲洗油由大管径流向小管径管道，这时大管径管道冲洗压力大，流速快，利于大管径管道的冲洗；反向冲洗时，冲洗油由小管径流向大管径管道，这时小管径管道冲洗压力大，流速快，有利于小管径管道的冲洗（图9-4）。

2）管道环路快速连接技术

采用管道环路快速连接技术，能实现临时环路的快速成型，且安全可靠、可重复使用。研制了设备与管道快速连接装置和阀台处管路快速连接装置，实现了设备与待冲洗管道主管、主管与阀台后支管之间的快速连接，施工效率提高。快

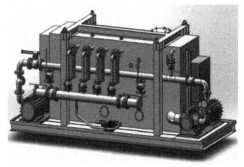

图 9-4　智能环保双向油冲洗装置

速连接装置制作简单、连接快速、通用性强、可重复利用，节约环路制作费用。

3）管道在线油冲洗防乳化技术

利用串联式两级油品净化装置，集精密油品过滤和高效油水分离两种功能于一体。冲洗过程中，外接油品净化装置对油箱内油品进行持续循环净化，有效避免了冲洗时发生的油品乳化，同时还可对已经发生乳化的油品进行净化，实现油品的再生利用（图 9-5）。

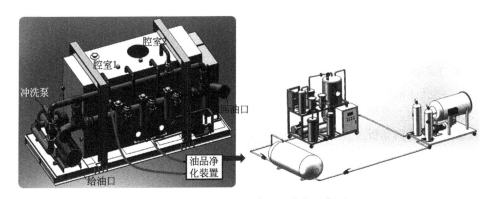

图 9-5　管道在线油冲洗防乳化示意图

（3）液压系统管道整体试压新技术

通过引入外置高压泵作为动力源，用高压集管和高压阀门制作临时环路替代阀台，解决了大规模、复杂液压管道阀台后 A、B 管道系统压力试验的难题，真正实现了阀台前后液压管道压力试验的全覆盖，保证了试运行和生产期间管线运行的可靠性（图 9-6）。

2. 技术指标

现行国家标准《冶金机械液压、润滑和气动设备工程安装验收规范》GB/T 50387—2017、《冶金机械液压、润滑和气动设备工程施工规范》GB 50730—2011。

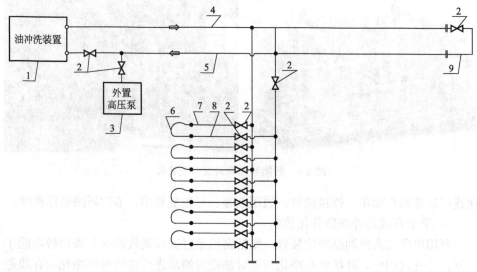

图9-6 液压管道在线打压原理图

1—油冲洗装置；2—高压球阀；3—外置高压泵；4—回油管道 T 管（低压管）；5—给油管道 P 管（高压管）；6—高压软管；7—A 管（阀台后）；8—B 管（阀台后）；9—连接 P、T 管末端的临时管

3. 适用范围

适用于一定范围内的液压、润滑管道的在线冲洗。

4. 工程案例

宝钢湛江钢铁基地 2250mm 热轧工程、武钢防城港钢铁基地项目 2030mm 冷轧酸轧工程、燕钢 1580mm 热轧工程、宝钢德胜 1780mm 工程、宁钢连铸工程、湖南华菱汽车板工程和宁钢烧结机工程等。

9.2.2 液压管道酸洗冲洗装置二合一技术

1. 技术内容

随着氟塑料衬里离心泵代替不锈钢离心泵作为酸洗泵的使用，且耐酸、耐碱、耐油密封材料的出现，原来作为酸洗泵的装置只在其回液管路上增加预留过滤器的接口，酸洗前过滤器位置用管道短接连接，在冲洗前将过滤器装上，可实现酸洗冲洗装置合二为一。液压管道在线循环酸洗结束后，继续利用酸洗装置冲洗液压管路，冲洗达到 NAS7 级，完成液压管道的初次冲洗。

（1）技术特点

1）可实现大流量冲洗：冲洗流量近 1900L/min；

2）轻巧实用：槽体容积一般为 4000L，占地面积小，使用率高；

3）减少管路二次污染：酸洗管路和冲洗管路为同一回路。

（2）施工工艺（图 9-7）

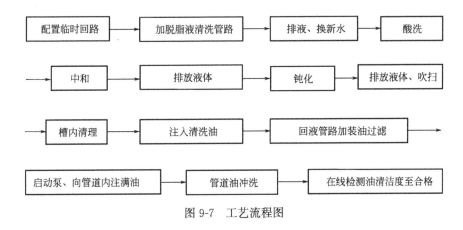

图 9-7 工艺流程图

钝化后液体排放要彻底，吹扫可采用分段进行，确保每根管道无雾状液体，否则后续冲洗油会乳化。

当管路容积大于油槽时，启动泵时，及时向油槽内补油，避免泵吸入空气，引起气蚀，须始终保持油槽内油面高于泵吸口上部至少 200mm。

2. 技术指标

（1）泵选型：氟塑料衬里离心泵，流量 $Q \approx 1900 l/min$，扬程 $H \approx 80m$。

（2）《冶金机械设备安装工程施工及验收规范 液压、气动和润滑系统》YBJ 207—1985、《冶金机械液压、润滑和气动设备工程安装验收规范》GB/T 50387—2017。

（3）酸洗钝化结束与油冲洗开始时间间隔不宜超过 4h。

（4）酸洗冲洗液体流向应从回油 T 管进，从供油 P 管回。

（5）二合一装置原理如图 9-8 所示：

阀门功能说明：

调压阀：控制泵出口压力，保证泵处在允许压力下运转。

快速接头：通过快速接头接入液压油清洁度在线检测仪。

背压阀：通过手动调节阀门，保证在线监测仪入口压力在 0.1～0.2MPa。

过滤器组：通过过滤器组，使得过滤器接口截面积不低于管道截面积，在酸洗钝化排油期间过滤器不参与，需用短管联通。

3. 适用范围

适用于口径 $DN \leqslant 150mm$、单根管线长 $L \leqslant 80m$、高程差 $H \leqslant 15m$ 的液压系统；

酸洗冲洗装置附近有水源及压缩气源。

4. 工程案例

合肥公司连续镀锌线工程、马钢小 H 型钢工程、马钢 2250 热轧工程等。

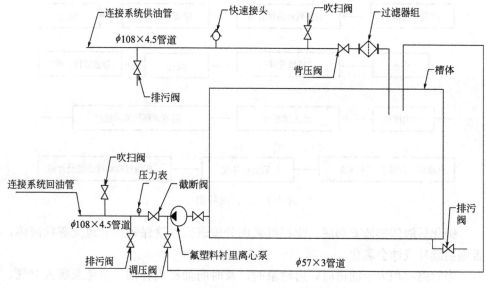

图 9-8　酸洗冲洗装置二和一原理图

9.3　相关新技术应用图片

9.3.1　基于 BIM 的智能化管线施工技术应用图片

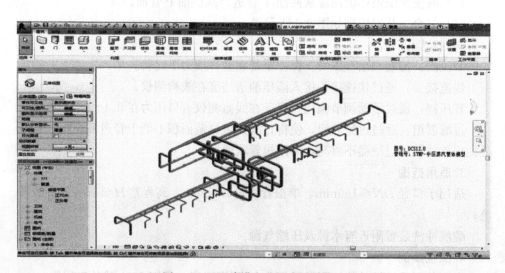

图 9-9　BIM 建模自动生成材料清单

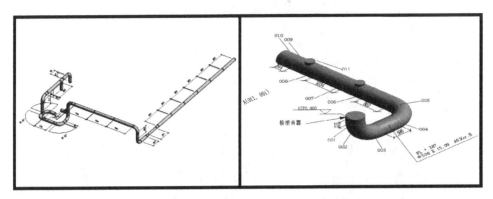

图 9-10　BIM 建模自动生成管道焊口编号信息

图 9-11　移动管道加工中心

图 9-12　管道自动焊接

9.3.2　液压管道酸洗、冲洗技术应用图片

图 9-13　压缩空气枪一

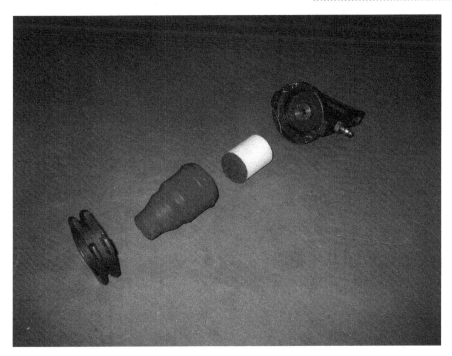

图 9-14　压缩空气枪二

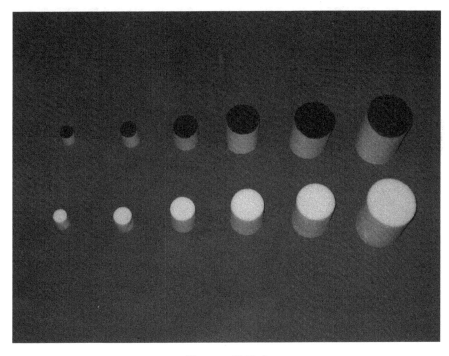

图 9-15　清洁球

图 9-16　紊流油冲洗装置

图 9-17　双向油冲洗装置

图 9-18　在线检测仪

第10章 电气设备安装

10.1 轧线主传动电机安装技术

10.1.1 技术内容

1.技术特点

轧线主传动电机安装技术主要包括受限环境下大型电机穿芯安装技术、大型电机调整定芯技术等，主要解决轧线主传动电机安装时厂房行车吊装能力不能满足电机整体吊装需求、电机结构庞大、安装位置设计紧凑的问题。新技术重点解决传统施工中存在的安全性差、细部工序精准性低、施工效率低等技术难题，施工工艺流程合理、工效高、工程质量和施工安全高、施工成本低。

2.T形螺栓安装技术

电机底座是电机安装的基础平台，主电机的稳定性来源于底座基础平台的牢固程度。传统施工工艺是首先将螺栓放入套筒中，再将电机底座吊装就位后提升旋转螺栓并用螺帽固定后对螺栓套筒进行密封，存在工效低、施工空间太狭小、视角有限、不能准确快速密封等问题。

新技术先将T形地脚螺栓投入套筒内，将大圆环钢板焊接在套筒内壁，使用倒链将T形地脚螺栓旋转并提升，再把橡塑圆环套进T形地脚螺栓，将两个半圆环钢板放置圆环上，使用螺栓通过螺母进行紧固（图10-1）。两个大小圆环及固定装置的组合，利用两个圆环重叠部分可调整移动地脚螺栓中心位置及依靠橡塑海绵的弹力密封套筒，采用该技术，在电机底座就位时不需要人员固定每一颗地脚螺栓，减少大量施工人员，提高工作效率，施工空间大、视角好、施工简便、密封效果好，准确率达100%，增强了主电机投入运行工作的稳定性。

3.C形梁吊装穿芯技术

C形梁穿芯吊装技术主要针对行车吊装能力受限、设计工艺为上后下前的粗轧主传动电机穿芯。这种工艺布置在下电机安装时受上电机基础限制及厂房宽度使行车横向吊装受限而不能满足穿芯吊装空间要求的情况。C形梁穿芯吊装步骤如下（图10-2）：

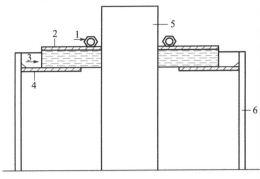

图 10-1　T 形螺栓安装示意图

①底座、轴承座安装

②转子进场、清洗

③转子吊装到底座上

④定子进场、吊装至底座

⑤延伸轴安装

⑥转子移动到安装位置

⑦定子吊装到安装位置

⑧轴承座移回安装位置

⑨转、定子降至安装位置

图 10-2　C 形梁穿芯吊装步骤示意图

（1）将下电机底座及轴承座安装完成，将轴承座定位后移除，在轴承座下垫滚杠；

（2）转子进场后，采用吊梁卸车，并清洗吹扫转子；

（3）将转子吊装到底座上，并垫好支撑块；

（4）将定子进场，清洗吹扫后吊装至底座上；

（5）使用 C 形梁将延伸轴安装在转子上；

（6）采用吊梁将转子吊起并移动到安装中心位置；

（7）支撑转子将定子吊装到安装中心位置；

（8）将轴承座移回安装位置；

（9）将转子采用吊梁吊起，将支撑块移除，转、定子降至安装位置。

4. 空气间隙测量技术

空气间隙是指定子铁芯与转子磁极铁芯之间的最小距离，现在轧线使用的大型同步电动机一般都是采用凸极式，极数为 16～24 极，由于原有的测量工具及测量方法（塞尺法）费时费力且精度不高，造成定子调整需要大量时间且精度不高。空气间隙测量技术采用两块拥有斜面完全吻合的两块板材，沿斜面方向运动时两块厚度重合同时发生改变的原理，根据主电机内部环境情况，研制出专用空气间隙的测量工具，检测精度在 0.1mm 以内（图 10-3）。

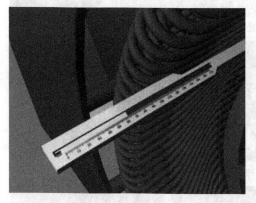

图 10-3　空气间隙测量示意图

10.1.2　技术指标

现行国家标准《电气装置安装工程　旋转电机施工及验收标准》GB 50170—2018、《冶金电气设备工程安装验收规范》GB 50397—2007。

10.1.3　适用范围

适用于热轧、厚板、宽厚板及冷轧等工业工程。

10.1.4　工程案例

梅钢 1780mm 热轧工程、南钢宽厚板工程、湛江钢铁基地 2250mm 热轧工程、湛江钢铁基地 4200mm 宽厚板工程、燕钢 1780mm 热轧工程、山钢日照钢铁 2050mm 热连轧工程等。

10.2　高压供配电系统安装调试技术

10.2.1　技术内容

1. 技术特点

针对冶金工业高压供配电系统施工及运营中现存的技术瓶颈，以变压器就位安装、供配电电缆线路及供配电系统调试技术难题为对象，进行技术创新研究，形成新的供配电系统安装调试技术，该技术在高压供配电系统施工及运维阶段，显著提高工程施工质量，增强工程施工的安全性，加快工程施工进度。

2. 变压器液压助力安装技术

（1）高度可调大型变压器安装移动平台技术

针对变压器施工需人工搭建临时平台存在的不足进行技术革新，采用可无级升降、自由移动的移动平台装置，由平台主体框架、手动液压千斤顶、万向移动轮及升降柱组成，平台装置拆装简便，实现了将变压器方便快捷地运送至安装位置（图 10-4）。该技术减少了单台变压器安装时的人工成本，提高了施工效率；减少了现场变压器施工中材料的耗费；降低了施工强度，保障了大型变压器在移动过程中的安全性。

平台制作用钢材快速查询表见表 10-1。

平台制作用钢材快速查询表　　　　　　　　　　　　　表 10-1

变压器重量（t）	转动惯量（cm³）	选用型材
5～10	49	10 号工字钢
15～20	141	16 号工字钢
21～48	145～220	16 号工字钢
50～100	250	20 号工字钢
100～150	692	20 号工字钢

（2）超大型变压器移动平台及液压助力施工技术

利用液压移位技术取代人工牵引变压器就位方式及变压器机械吊装移位方式，采用平台技术并结合电动液压技术，将变压器推进就位。该新技术可大幅减

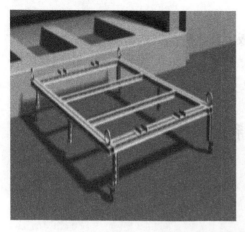
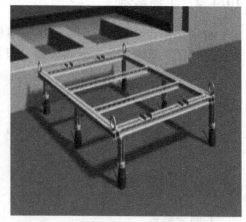

图 10-4　移动平台移动轮与液压千斤顶柱脚置换图

轻工程临时工作量，显著提高施工效率，节省大量人工和材料，不需将大型变压器起吊即可将变压器平稳送进变压器室，保障了施工安全性。

超大型变压器移动平台及液压助力施工技术实施工艺流程如下（图 10-5）：

1）自升降平台移至变压器室和变压器运输车之间，为变压器卸车及液压输送至变压器安装位置的准备；

2）平台升至车板平面高度位置；

3）千斤顶抬起变压器；

4）钢轨铺设及液压推移装置安装；

5）将变压器推至自升降平台中心；

6）拆除板车上钢轨并移走板车；

7）自升降平台调至变压器室地坪高度；

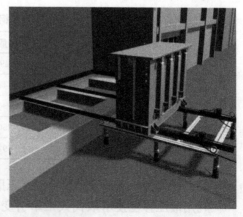

图 10-5　超大型变压器移动平台及液压助力施工图

8）钢轨铺设至变压器安装位置；

9）运行液压推移装置将变压器推至变压器安装位置；

10）安装位置变压器调整、附件安装及结束。

3. 高压供配电系统等效调试技术

（1）差动保护系统试验技术

在变压器低压侧短路，在高压侧加电压的方式，检测差动 CT 相位角之间的关系，将大电流系统试验转化为分步实施的小电流试验，加入变压器正常运行时的二次额定电流，准确验证差动 CT 的接线方式与继电器是否匹配，确保设备试验的精确性，大幅提升变配电系统运行的稳定性（图 10-6）。

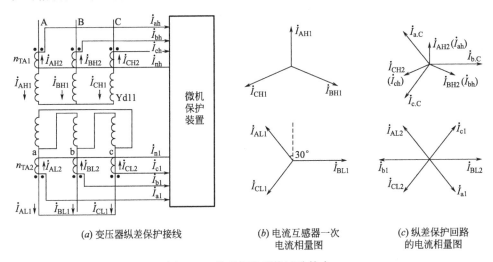

(a) 变压器纵差保护接线　　　(b) 电流互感器一次　　　(c) 纵差保护回路
　　　　　　　　　　　　　　　电流相量图　　　　　　　的电流相量图

图 10-6　差动保护系统试验技术

（2）供配电线路故障精确定位技术

通过大电流将高阻故障点烧穿，彻底转化为低阻故障点，配合使用电桥法、磁波测量法及磁位测量法对故障点进行精确定位，有效解决以往主传动动力回路故障点难以精确定位的问题，最高精度能达到±0.08%，全长定位精度可达到±0.5～0.8m（图 10-7）。

10.2.2　技术指标

现行国家标准《冶金电气设备工程安装验收规范》GB 50397—2007、《电气装置安装工程 电气设备交接试验标准》GB 50150—2016、《电气装置安装工程电力变压器、油浸电抗器、互感器施工及验收规范》GB 50148—2010。

10.2.3　适用范围

适用于工业工程、市政建设、建筑、电站等所有涉及高压供配电系统的工程。

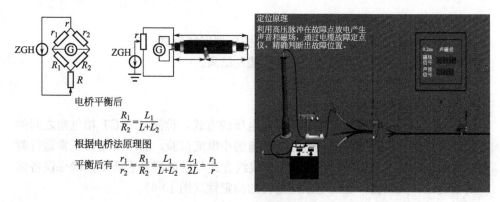

图 10-7 电缆故障点精确定位原理图

10.2.4 工程案例

首钢京唐冷轧工程、首钢迁钢冷轧工程、梅钢热轧工程、攀西热轧工程、南钢、宝钢湛江钢铁有限公司 2250mm 热轧工程、宝钢湛江钢铁有限公司 4200mm 宽厚板工程、山东日照钢铁控股集团有限公司 2050mm 热轧工程、山东日照钢铁 2030mm 冷轧工程等。

10.3 网络智能仪表安装技术

10.3.1 技术内容

仪表控制系统在功能上经历了单一功能仪表、组合式仪表、数字化智能化网络化仪表这几个层次，随着现场总线控制系统的出现，以数字式、网络化为核心技术的总线智能仪表应运而生。现场总线智能仪表与现场总线控制系统有着不可分割的密切关系，采用现场总线控制系统必须有现场总线智能仪表与之相匹配，在现场总线控制系统下，总线智能仪表替代了传统集散控制系统中的模拟现场仪表，把传感测量、补偿计算、工程量处理与控制等功能分散到现场仪表中完成。

1. 技术特点

（1）应用广泛

由于现场总线简单、可靠、经济实用等一系列突出的优点，使得该总线具有适合于快速、时间要求严格的应用和复杂的通信任务的特点，成为唯一能够全面覆盖工厂自动化和过程自动化应用的现场总线，特别适用于工厂自动化和过程自动化领域。

（2）降低工程成本

现场总线（FCS）废弃了传统控制系统的输入/输出单元和控制站，把控制系统控制站的功能块分散地分配给现场仪表，从而构成虚拟控制站，彻底地实现了分散控制。同时减少了隔离器、端子柜、I/O 装置，简化了线路的安装与维修，节省了装置的空间，节省硬件数量与投资。另外考虑到 DP 总线和 AS-I 总线的成本，可以使用 AS-I（AS-Interface）总线，即传感器—执行器接口，它能够提供很多强大的功能，同时价格低廉也易于安装，是一种两芯、横截面积为 1.5mm^2 的柔性电源线。

（3）简化安装工作量

现场总线一根网线就可以替代原来错综复杂、密密麻麻的信号线，不仅大大降低了原来点对点接线的设备故障率，减少了故障点便于维护，而且主从站之间可以通过网络修改读取参数和状态，便于状态监视和设备管理。总线系统的接线十分简单，一对双绞线或一条电缆上通常可以挂接多个设备，因而电缆、端子、槽盒、桥架的用量大大减少，连线设计和接线校对的工作也大大减少，当需要增加现场控制设备时，无需增加新的电缆，可就近链接在原有的电缆上，既节省了投资，也减少了设计安装的工程量。

2. 设备组成

现场总线智能仪表，可以根据不同的被控对象的特性，灵活组合功能模块，以实现被控对象的控制策略，成为十分灵巧的智能仪表，FF 现场总线包含的 10 个基本功能模块见表 10-2。

10 个基本功能模块　　　　　　　　　　　　表 10-2

模块	功能
DI	开关量输入
DO	开关量输出
AI	模拟量输入(压力流量温度液位)
AO	模拟量输出(阀门定位器等)
PID, PLI	控制器
PD, P	控制器
SS	信号选择
ML	手动加载
BG	偏置/增益
RA	比例

10 个功能模块可以灵活组合，实现多种功能。例如，一台温度变送器可配置一个输入（AI）功能模块，一台控制阀可配置一个 PID 功能模块和一个输出（AO）功能模块，如此，仅用一台变送器和一台控制阀就构成了一个控制回路，如图 10-8 所示。

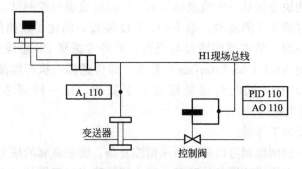

图 10-8　功能模块构成的现场总线控制回路

功能模块的配置与组合，取决于对被控对象所采取的控制策略，功能模块的采用，是随系统的控制方案而异的。

3. 现场总线设备安装

（1）现场总线设备安装应具备下列条件：

1）设计施工图纸、有关技术文件及必要的仪表安装使用说明书已齐全。

2）施工图纸已经过会审，已经过技术交底和必要的技术培训等技术准备工作。

3）施工现场已具备仪表工程的施工条件。

4）现场总线设备安装前应外观完整、附件齐全，并按设计规定检查其型号、规格及材质。

5）现场总线设备安装时不应撞击及振动，安装后应牢固、平整。

6）设备的接线应符合下列规定：

① 剥绝缘层时不应损伤线芯和屏蔽层；

② 连接处应均匀牢固、导电良好；

③ 锡焊时应使用无腐蚀性焊药；

④ 电缆（线）与端子的连接处应固定牢固，并留有适当的余度；

⑤ 接线应正确，布置应美观。

（2）现场总线仪表安装

1）现场总线仪表应综合考虑网段划分、地理位置和电缆敷设距离进行安装。

2）现场总线仪表的安装应尽量避开静电干扰和电磁干扰，当无法避开时，应采取可靠的抗静电干扰、电磁干扰的措施。

3）现场总线仪表的安装应采取适应现场环境的防护措施。

4）安装位置应符合下列规定：

① 照明充足，操作和维修方便；不宜安装在振动、潮湿、易受机械损伤、有强磁场干扰、高温温度变化剧烈和有腐蚀性气体的地方。

② 仪表的中心距地面的高度宜为 1.2～1.5m；带有就地显示屏的仪表应安

装在手动操作阀门时便于观察仪表示值的位置。

（3）现场总线执行设备

1）变频器

① 变频器应是符合国际、国内电磁兼容标准的、技术成熟、谐波抑制措施完善的设备，并具备现场总线通信接口；

② 现场总线相关通信柜应远离变频器柜；

③ 变频器动力电源与现场总线控制电源应由不同电源系统供电；

④ 变频器前后应设置感性滤波装置；

⑤ 变频器至电机的电缆应采用变频专用电缆；

⑥ 接地电阻应符合变频器产品要求；

⑦ DP 电缆屏蔽层应连接至屏蔽地。

2）执行机构和电磁阀

① 执行机构和电磁阀应是符合国际、国内电气标准的、技术成熟的设备，并具备现场总线通信接口。

② 液动执行机构的安装位置应低于调节器；当必须高于调节器时，两者间最大的高度差不应超过 10m，且管路的集气处应有排气阀，靠近调节器处应有逆止阀或自动切断阀。

③ 电磁阀在安装前应按安装使用说明书的规定检查线圈与阀体间的绝缘电阻。

3）智能马达驱动器

① 智能马达驱动器应是符合国际、国内电气标准的、技术成熟的设备，并具备现场总线通信接口。

② 智能马达驱动器应能提供保护模式、直接启动模式、双向启动模式、星三角启动模式、与断路器配合的保护模式、与断路器配合的直接启动模式等控制模式。

③ 智能马达驱动器安装在 MCC 柜内应固定牢固，通信电缆与供电线缆不宜捆扎在一起。通信电缆应符合距离要求。

④ 总线地址需要通过就地按钮进行设置时，应确保智能马达驱动器先带电。

4）现场总线通信组件及连接件

① 现场总线通信组件不宜安装在高温、潮湿、多尘、有爆炸及火灾危险、有腐蚀作用、振动及可能干扰附近仪表通信等场所。当不可避免时，应采取相应的防护措施。

② 现场总线通信组件安装前应检查设备的外观和技术性能并应符合下列规定：

a. 各组件接触应紧密可靠，无锈蚀、损坏；

b. 固定和接线用的紧固件、接线应完好无损；

c. 防爆设备、密封设备的密封垫、填料函，应完整、密封；

d. 附件应齐全，不应缺损；

e. 通信接头、中继器、终端电阻等安装接线可靠。

③ 现场通信箱内的通信电缆弯曲半径应不小于生产厂商规定的值，电缆没有扭结和凹坑。

④ 厂房内布置的现场通信箱宜安装在环境温度 0～40℃，相对湿度 10%～95%（不结露）的环境中。

5）现场 I/O 站（包括通信卡、组件等）安装要求：

① 安装环境的温度、湿度、粉尘、振动、冲击等条件应满足设计或产品说明书的要求。不宜安装在高温、潮湿、多尘、有爆炸及火灾危险、有腐蚀作用及可能干扰附近仪表通信等场所。

② 现场 I/O 应安装在保护箱内。

6）现场通信箱的安装位置应远离大型电力设备、高电压强电流设备等干扰源（如变频器、大功率电机等）。

7）通信连接件安装要求：

① 通信总线分支专用 T 形接口、多口分支器应布置在便于查找和检修的地方，宜接近相关现场总线设备，如图 10-9 所示。

图 10-9　T 形接口、多口分支

② 接头应接触良好、牢固，不承受机械拉力并保证原有的绝缘水平。

8）现场总线网段终端电阻宜装设在系统机柜或现场总线就地接线箱内，不宜安装在就地的现场总线设备内。PROFIBUS DP 总线宜采用有源终端电阻。

9）为了便于调试，在每个 PROFIBUS DP 网段上宜装带有扩展接口的总线连接器。

10）应提供冗余电源模块为 PROFIBUS PA、FF H1 总线网段供电。

11）现场通信机箱安装在混凝土墙、柱或基础上时，宜采用膨胀螺栓固定，并应符合下列规定：

① 箱体中心离地面的高度宜为 1.3～1.5m；

② 成排安装的供电箱，应排列整齐、美观。

12）现场通信机箱应有明显的接地标记；接地线连接应牢固可靠。

4. 基于 PROFIBUS 现场总线安装技术

（1）选择标准 PROFIBUS 通讯电缆

PROFIBUS（类型 1）介质是一根屏蔽双绞电缆，屏蔽可以提高电磁兼容（EMC）能力。标准 PROFIBUS 电缆为双层屏蔽双绞电缆，屏蔽效果比较好，因而对于信号在电缆内传输时自身产生的干扰也能够起到自我抑制的作用，其中数据线有两根：A-绿色和 B-红色，分别连接 DP 接口的管脚 3（B）和 8（A），电缆的外部包裹着编织网和铝箔两层屏蔽，最外面是紫色的外皮（图 10-10）。

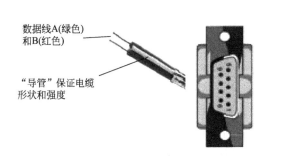

数据线A(绿色)
和B(红色)

"导管"保证电缆
形状和强度

Pin Configuration

1 Sheld   *
2 24V-
3 B(RxD/TxOP)
4 RTS
5 D-GND
6 VP(−)   **
7 24V+   *
8 A(RxD/T×DN)
9 RTS(N)   *
* 信号可选
** 仅在终端站点需要

图 10-10　标准 PROFIBUS 电缆及 PROFIBUS 总线接口

（2）屏蔽层多点接地

PROFIBUS 电缆在插头内接线时，须将屏蔽层剥开，与插头内的金属部分压在一起，该金属部分应当与 Sub-D 插头外部的金属部分相连。当插头插在 CPU 或者 ET200M 等设备的 DP 口上时，则通过设备连接到了安装底板，而安装底板一般是连接在柜壳上并接地的，从而实现了屏蔽层的接地，如图 10-11 所示。由于接地有利于保护 PLC 设备以及 DP 通讯口，因此对于所有的 PROFI-BUS 站点都要求进行接地处理，即"多点接地"。

（3）布线规则

1）不同电压等级的电缆分线槽布线

高电压、大电流的动力电缆，与小电压、小电流的电缆应该是分线槽布线，同时线槽应盖上盖板，尽量全封闭；如果现场无法分线槽布线，则将两类电缆尽量远离，中间加金属隔板进行隔离，同时金属线槽要做接地处理。

图 10-11 PROFIBUS 插头内部接线即屏蔽层的处理

2）通讯电缆单独在线槽外布线时，可根据情况采用穿金属管的方式，这样既可以保护通讯电缆不被损坏，对于防止 EMC 的干扰也有好处，但注意外部的金属管需要接地。

3）通讯电缆与动力电缆避免长距离平行布线

由于平行布线的两根电缆之间需要考虑空间电容耦合，因此为了避免相互之间的影响，应避免平行布线，可以交叉布线，两根交叉布线的电缆相互之间不会因为容性耦合而产生干扰。

（4）通讯电缆过长时，不要形成环状（图 10-12），此时如果有磁力线从环中间穿过时，根据"右手定律"，容易产生干扰信号。如图 10-12 所示，尽管背板是比较大的金属板，但由于项目已经完成，因而不存在电缆长度变化的可能，因此应将过长的电缆剪短，放入柜内的电缆槽内。

（5）通讯线连接的设备应做等电势连接

PROFIBUS 连接的站点可能分布较广，为了保证通讯的质量，一般要求所有通讯站点都应该处于同一个电压等级上，即应当都是"等电势"的。如果两个站点的"地"之间不等电势，则当两个设备分别各自接地时，将会在两个接地点之间产生电势差，此时电流会流过通讯电缆的屏蔽层，从而对通讯产生影响。因此应该在两个设备之间进行等电势的绑定，可以用等势线将两个设备的"地"进行连接，等势线的规格为：铜 6mm^2、铝 16mm^2、钢 50mm^2。当然，这里不是要求所有的现场都需要增加额外的等势线而增加成本，只是建议在出现接地点电势不相等的情况时，如果影响到通讯，或者可能造成设备损坏，则应当想办法加以改进。如果由于接地点本身的原因造成了通讯不稳定，比如某个系统的"地"本身存在着很强的干扰，则在此处将屏蔽层接地反而会对 PROFIBUS 通讯造成影响，因而此时应该考虑首先处理好"地"，然后再将 PROFIBUS 屏蔽层接地。

（6）通讯线在电柜内的布线

通讯电缆在电柜内布线时，也应该遵循之前的原则，即远离干扰源。在柜内的走线应当进行精心的设计，尽量避免与高电压、大电流的电缆在同一线槽内走线，同时，不要在柜内形成"环"，特别是避免将变频器等干扰源包围在"环"内。

图 10-12　通讯电缆形成环状

（7）通讯电缆的屏蔽层在电柜内的处理

1）首先是 PROFIBUS 插头，需要将屏蔽层压在插头的金属部分外，还需要注意屏蔽层不要剥开的太长，否则会暴露在空间，成为容易受干扰的"天线"（图 10-13）。

图 10-13　屏蔽层暴露在空间容易接收干扰

2）通讯电缆的屏蔽层在进/出电气柜时，都应该进行屏蔽层接地处理。屏蔽层应该保证与接地铜排进行大面积的接触，如图 10-14 所示。

3）为了方便将 PROFIBUS 的外皮以及屏蔽层按照固定的长度进行切除，减少剥线的时间和剥线过程中将电缆破坏或者造成短路的可能，应使用 PROFIBUS 快速剥线工具，如图 10-15 所示。

10.3.2　技术指标

现行国家标准《测量和控制数字数据通信 工业控制系统用现场总线 类型 3：PROFIBUS 规范》GB/T 20540—2006、《电气装置安装工程 低压电器施工及验收规范》GB 50254—2014、《工业通信网络 现场总线规范 类型 23：CC—Link IE 规范 第 1 部分：应用层服务定义》GB/T 33537.1—2017、《建筑电气工程施工质

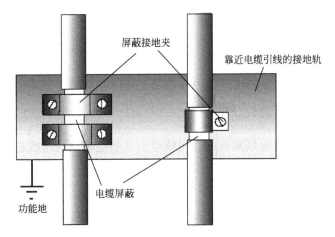

图 10-14　屏蔽层的接地

图 10-15　FROFIBUS 快速剥线工具

量验收规范》GB 50303—2015、《电气装置安装工程 电缆线路施工及验收规范》GB 50168—2018、《电气装置安装工程 接地装置施工及验收规范》GB 50169—2016、《电气装置安装工程盘、柜及二次回路接线施工及验收规范》GB 50171—2012、《冶金电气工程通讯、网络施工及验收规范》YB/T 4386—2013、《自动化仪表工程施工及质量验收规范》GB 50093—2013。

10.3.3 适用范围

适用于冶金、化工、核电等所有在建与扩建工程的网络智能仪表安装。

10.3.4 工程案例

上海电气凯士比核电泵阀有限公司核电主泵制造基地技术改造项目、舞阳钢厂方坯连铸机改造工程等。

10.4 相关新技术应用图片

10.4.1 轧线主传动电机安装技术应用图片

图 10-16 T形地脚螺栓安装技术

图 10-17　主传动电机液压顶升穿芯技术

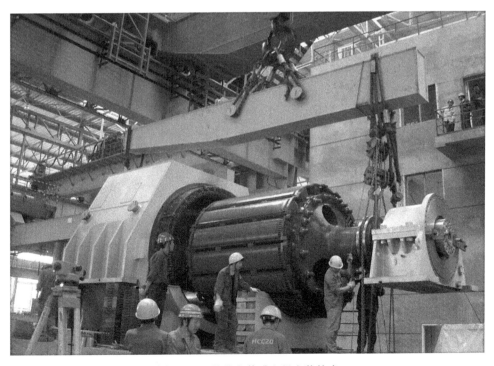

图 10-18　轧线主传动电机安装技术

图 10-19　湖南华菱安塞乐米塔尔汽车板工程

图 10-20　湛江钢铁基地 2250 热轧工程

10.4.2　高压供配电系统安装调试技术应用图片

图 10-21　大型变压器液压推移技术安装就位

图 10-22　高压供配电系统调试技术

图 10-23　太钢 2250 热轧项目 110kV 变压器安装

图 10-24　湛江 2250 热轧高压电气室

第11章 建材机电安装

11.1 基于600t/d双膛窑的EPC建造技术

11.1.1 技术内容

1. 技术特点

600t/d双膛窑是目前技术最先进、最大的高品质石灰煅烧装置之一，相比于传统的竖窑、梁窑和回转窑具有更大产量、更低能耗、更环保、出产产品品质更高的特点。这种石灰窑工程一般包含原料储运系统、焙烧系统、成品处理系统、能源动力公辅系统等，是典型的多专业综合性工程，包含建筑、结构、非标设备、机运、耐材、液压、暖通、给水排水、燃气、电气、电信、仪表、自控和热工等专业。600t/d双膛窑工程工艺钢结构制安约1500t，管道制安约550t，机械设备制安约820t，动力电缆约180km，电气桥架约10km，动力柜约70面，耐火材料约1700t。设计至投产的建设期一般在10个月，工序衔接非常紧凑。基于EPC总承包平台上的资源一体化优势，应用模块化建造、设备供应商系统集成、BIM技术进行建造，优化设计、合理采购，提高效率和质量，项目效益显著。

2. 窑本体模块化建造

石灰窑工程是以石灰窑本体为核心，配套各能源介质和动力公辅装置的系统工程。基于EPC总成的平台的设计优势，方案设计阶段就充分考虑模块化制作、安装的因素，即将石灰窑工艺钢结构（图11-1）、设备和系统按照功能和层次分解成若干有接口关系的相对独立单元，再按照标准化的流程制作，最后组合成完整单体的建造方法。双膛石灰窑全高55m，主体为两个窑膛，基本组成为窑底部灰仓、卸料斗、窑壳体、窑顶小房几个部分。窑壳主要为10mm钢板，高空散拼，存在焊接难度大、变形控制难，是占主线工期最长的建筑单体。

双膛石灰窑与其他套筒窑外形区别在与直径不规则，石灰窑本体结构模块化建造即窑本体钢结构以每层平台的环形圈梁下翼板为节点沿高度方向分为五段，

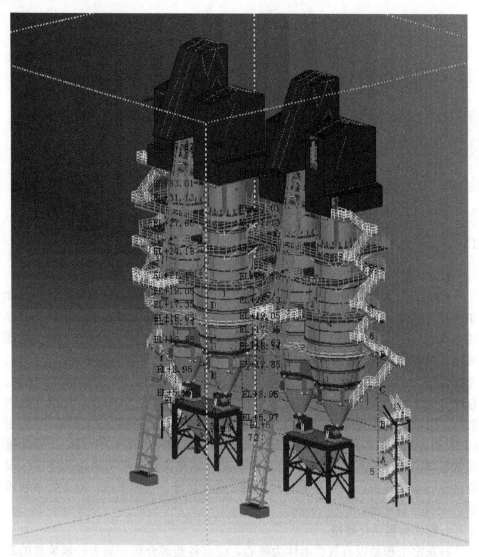

图 11-1　窑本体工艺钢结构

壳体第一部分由三段扇形钢板圈（δ＝10mm）组成，钢板圈高度为 3800m；窑壳第三部分窑壳壁厚 10mm，高度为 6.21m，直径变化为 5390mm，相对于第二部分变化很大；窑壳第四部分窑壳壁厚 12mm，高度为 2.65m，直径变化为 5070mm；窑壳第五部分窑壳壁厚 10mm，高度为 4.14m，直径变化为 4320mm。这些部分按照下面窑壳的制作安装流程制作（图 11-2）。

　　每段均进行工厂化制作，制作中要对壳体进行周长、椭圆度、同心度进行测量（表 11-1），直到调整后所测数据符合规范要求，然后使用带弧形钢板圈的十字撑点焊和定位板固定。

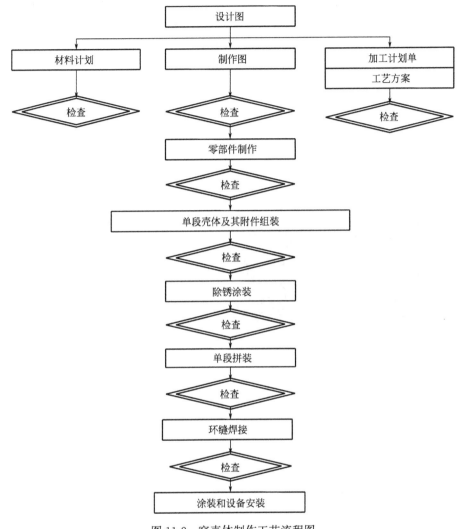

图 11-2　窑壳体制作工艺流程图

气割的允许偏差（单位：mm）　　　　　表 11-1

壳体椭圆度	壳体同心度	壳体钢板对口错边量	壳体钢板圈上口水平度
$\leqslant 2/1000D$	$\leqslant 1/1000H$ 且不大于 30	$\leqslant 1/10t$ 且不大于 3	$\leqslant 4$

　　然后在地面组装平台上安装平台、栏杆、环管、桥架等附件以及开设工艺孔洞，每段最大重量约为 15～21t，组装完后环形圈梁和平台以及栏杆形成一个稳定的整体即可拆除十字撑和固定板。组装完倒运至吊装场地，由 150t 履带起重

机进行整体吊装（图 11-3）。高空拼接中仅需在已安装平台上校正、对接待安装段下部的水平环缝（图 11-4），待安装段窑壳下口无固定支撑且板薄易于校正，环缝对接简单。根据组装平台面积可以多段同步制作、组装，集中高空拼装，焊接质量以及安全性大大提高，且能确保焊缝检测一次合格率，同时节省约 50％工期。

图 11-3　壳体第二段吊装

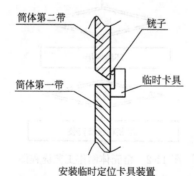

图 11-4　窑壳水平环缝对接示意图

场地紧凑工地中，对于体量小单体和局部高耸结构可直接设计为全钢结构模块，异地制作好后整体吊装拼接到位，缩短主线工期。如常规吊装上料斜桥需在窑前仓结构完成后逐节安装，但根据其狭小安装位置和重量，起重机无处站位，采用倒装法可很好解决此问题。上料斜桥顶部弯轨与斜桥上段在地面进行组装，从上至下进行拼装，下段暂预留。

3. 耐材专业化砌筑

双膛窑耐材砌筑的主要关键部位为牛腿的砌筑和连接通道的砌筑。

　　牛腿砌筑过程需要向内退台施工，砖结构的径向膨胀由 2mm 陶瓷纤维板和 3mm 陶瓷纤维垫来吸收。每个窑有窑膛，每个窑膛冷却带有 12 座牛腿支撑整个窑膛上部耐材。24 座牛腿柱耐材从六边形托砖圈开始砌筑，最大的难度在于砌筑至 124 层必须保证 24 座牛腿顶部累计高差小于 5mm。砌筑中用水准仪检查耐火窑衬的水平底板，看看是否有可能的不平整。在前 10～15 层砌筑砖中，可用灰泥补偿累积最大 15mm 的标高差异。如果存在较大的底板变形，可用耐火泥捣打料进行找平，最小厚度为 20mm。注意两个窑体从相同水平开始砌筑。

　　连接通道柱砌砖时，应该注意标准砖和异型砖混合砌筑。先砌筑柱子的角部砖，这些砖应该与下部砖层重叠 1/2 块砖。应该在外环形通道墙方向上大约 1～1.5m 处放置端部的砖。另窑膛内墙体与通道内墙体砌筑同时进行，并用水准仪把同层耐火砖的标高写在砖上，做好标记保证通道内墙体处于同一水平面。两侧特殊高铝砖斜度退台后支拱胎，在主拱砖上用侧面砖作找平层并加工斜面，保证其侧立面的倾斜角度，可用专用样板（或木模）进行控制；同时同侧的顶层砖顶面应在一个面上（顶部高差小于 5mm）。

　　4. BIM 应用建造技术

　　针对石灰窑 EPC 项目普遍存在边设计边施工边变更的"三边"工程特点，重点在于解决工艺方案和施工图设计返工问题。引入 BIM 技术进行设计方案可视化、非标设备深化出图、工厂预制、辅助方案策划，在施工期利用 BIM 模型进行技术交流、方案模拟，大大提高了 EPC 工程沟通效率，降低返工率，提高设计和施工质量。

11.1.2　技术指标

　　现行国家标准《工业金属管道工程施工质量验收规范》GB 50184—2011、《质量管理体系 要求》GB/T 19001—2016、《职业健康安全管理体系 要求》GB/T 28001—2011、《环境管理体系 要求及使用指南》GB/T 24001—2016。

11.1.3　适用范围

　　适用于冶金、化工、建材等在建以及扩建的多专业双膛石灰窑 EPC 工程。

11.1.4　工程案例

　　鄂尔多斯君正 60 万吨/年气烧石灰窑 EPC 总承包工程、衢州元立 2×600TPD 悬挂缸式麦尔兹窑系统 EPC 总承包工程、连云港兴鑫钢铁 2×600TPD 煤烧双膛窑系统 EPC 总承包工程等。

11.2 大型水泥熟料生产线安装技术

11.2.1 技术内容

随着水泥熟料生产技术发展，以及环境保护、节约能源的需要，目前我国水泥熟料生产线新建、改建项目中，生产规模均为不低于 5000t/d 及以上，其中最大达到 12000t/d。

单线生产能力的提高，是因为整个生产线各生产设备由于产能提高，设备提高运行效率的同时，设备重量、外形尺寸都增大，大、重设备多，其中 12000t/d 生产线设备安装总量超过 14000t，结构及非标制作安装量接近 10000t，各类电气线缆达到 60 万 m。水泥熟料生产线其主要设备包括回转窑、篦冷机、电收尘器、预热器、生料立磨等。

1. 回转窑安装

回转窑施工工艺流程：施工准备→基础验收→基础划线→埋设中心标板→托轮底座就位并初找→底座精调→底座二次灌浆→托轮与轴承组装→托轮吊装→托轮精调→筒体挡轮轮带吊装→筒体同轴度调整→筒体点焊→传动装置安装→筒体焊接→窑头、窑尾密封安装→空负荷试车→窑内砌筑→烘窑点火。

回转窑筒体吊装是该设备安装的主要难点，通过总结其他吊装方法，在回转窑安装时采用临时支撑架的辅助方式进行吊装，有效地避免了多台大型吊车抬吊方案，降低了意外事故的发生概率，并节省了一台大型履带吊的费用。吊装前，根据现场位置及最重物体选择吊车的型号，如图 11-5 所示。

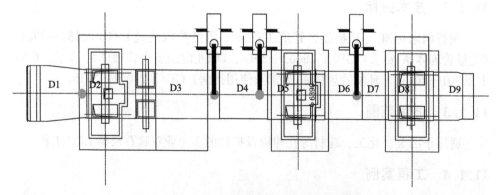

图 11-5 回转窑筒体吊装吊车站位示意图

回转窑关键技术点中，托轮底座及主电机底座安装采用无垫铁安装，调整时采用顶丝调节。由于回转窑的窑体与水平呈 4% 的倾斜，设备底座外形尺寸大，此调整过程中因接触面小、稳定性差，所以采用顶丝与垫铁同时调整。此法适用于大型水泥回转窑的安装，特别适用于在同一项目上有多台水泥回转窑的情况。

回转窑吊装调节后，应达到下列要求才可进行焊接：

（1）大齿圈及轮带处直线度偏差不大于 2mm；

（2）窑头、窑尾处直线度偏差不大于 5mm，齿圈处不得大于 2mm，其余部分不大于 6mm；

（3）轮带与托轮接触面长度不应小于其工作面 70%；

（4）轮带宽度中心线与托轮宽度中心线距离偏差为 ±5mm。

回转窑焊接一般采用手弧焊或半自动焊，焊接过程中焊接完成两层焊缝应对简体直线度进行检查，并根据变形情况更改焊接顺序和调整支撑、垫片等方法进行调节，焊缝焊接完成后对焊缝进行 UT 检查，焊缝质量应达到《承压设备无损检测》NT 47013 2 级以上。

2. 篦冷机安装

目前，篦冷机技术开发至第四代，第四代与第三代相比，功能性未作明显提升，主要是对模块化设计方面进行了优化。在我国，目前熟料线大部分仍采用第三代空气梁可控气流篦冷机。

篦冷机安装工艺流程：施工准备→基础验收→落灰斗安装→LPS 旋摆装置安装→传动装置安装→下壳体及破碎系统安装→KIDS 系统安装及篦板安装→上壳体及附件安装→砌筑→试运转。

由于篦冷机安装过程是模块拼安过程，除破碎机重量较重外，其他构件都在 1t 以内，除了 LPS 系统精度要求较高外，其他部件易于组装；但由于篦冷机位置一般在建筑内，构件就位、运输较困难，壳体及驱动轴安装时，在建筑结构顶部沿篦冷机两壁面装两根 ϕ20 钢丝绳（俗称"钢丝绳天线"），挂滑轮、导链牵引物体到安装位置，使得狭小场地的设备吊装变得简单易行，如图 11-6 所示。

线性摆动支撑系统（简称 LPS 系统）安装：

新改进的 LPS 系统体积非常小，很容易放到篦冷机的风室里面，而在外面不需要任何支撑。该系统采用两级摆动，首先是中间支撑装置固定在支腿上，其前后左右位置都可以调整，以保证其摆动起来能成一条直线，活动梁的摆动装置则是通过一组弹簧板的摆动装置支撑在中间支撑上。活动梁的支撑则是通过两组弹簧板固定在这个钟摆架子的支架上。在篦床运动过程中.两组弹簧片同时摆动，形成一个复合运动，基本保证了活动篦板的运动是直线的，而且，运动过程中只有这几组弹簧板在做极小的摆功.不存在运动副之间的摩擦，因此可以认为这套系统是无磨损支撑系统，不会随运行时间增加而改变，这样就可以将活动篦板与固定篦板之间的间隙减小到很小，一般活动篦板上间隙为 0.5mm，下间隙为 1mm。

整个 LPS 系统是在场外组装成整体吊装到设备基础上的。为了便于调整固定，用角钢制作几个简易的调整工具，由于此调整工具上采用了大螺杆，使得调节更加方便简洁。支腿上面的小丝杆可以对 LPS 支撑进行微调（图 11-7、图 11-8）。

图 11-6　篦冷机结构吊装滑动钢丝绳

图 11-7　安装好的 LPS 系统

图 11-8　LPS 支腿调整固定

LPS 系统的调整通过一组棱镜进行（图 11-9），3 个棱镜为一组拧到 LPS 支撑架上面，通过经纬仪可以将其调整到合适的位置，校准的误差范围在±1mm。

图 11-9　用棱镜调整 LPS 系统

试运转要求：运转时仔细检查传动是否平稳，无异常声响；篦床运行平稳，无卡碰、跑偏现象，篦缝均匀；篦床传动的液压系统工作正常；各部位轴承不允许有过热现象，温度应小于40℃；润滑系统工作良好，各润滑点满足润滑和密封要求，管路无渗漏情况；各监测设备、控制装置及报警装置工作正常；各风机工作正常。

3. 电收尘器安装

电收尘的安装工艺流程：基础验收及划线→支座安装→底梁安装→灰斗及内部走道安装→立柱、顶梁安装→风撑、侧板安装→进出风口安装→悬挂框架及支承安装→放电极、沉淀板安装→振打传动装置安装→顶盖板及楼梯平台安装→单机试运转。

电收尘由于零部件较多，属于搭积木式组装，每一步要严格控制组装公差。特别是振打机构，按图纸要求安装布置振打锤轴和轴承，振打锤轴应安装在同一水平线上，其水平度不应大于0.2mm/m，同轴度不应大于1mm，全长为3mm。安装振打锤轴时，振打轴是安装在轴承内的，先找好轴承位置，并将位置固定，然后在轴承底部与轴承支架之处插入调整垫片来调节全部轴承的高度，用水平尺测量，将锤轴调整到同一高度，调整高度时，每个轴承利用不同的调整垫片进行调节。

安装振打锤，旋转振打轴，检查振打锤的承击点，其偏差在垂直和水平方向均不应大于±3mm。安装提升机构和传动装置，调整振打锤提升角度和上、下降拉杆尺寸，确认满足振打锤承击点的要求后，锁紧提升杆的螺母，并焊接振打锤轴轴承座的限位挡块。传动装置及传动支架应固定牢固，传动轴与振打锤轴轴心线应在同一直线上，同轴度为2mm。

放电极和沉淀极都是极易变形的部件，现场搬运和堆放时应注意搬运方式和场地平整。为了防止放电极和沉淀极在吊装过程中的变形，应用型钢制作一套吊装架和地面滑道装置，如图11-10所示。

4. 窑尾塔架及预热器安装

安装工艺流程：测量设桩→塔吊安装→柱基础施工→柱脚安装→立柱安装→主梁安装→钢柱混凝土灌浆→次梁平台安装→预热器安装（分层）→上层钢结构安装（重复下层安装工序）→预热器安装（焊接）→预热器内砌筑、灌浆→设备验收。

预热器及塔架为高空、多层，钢结构框架和预热器的安装必须按一定顺序自下而上逐层进行。设备组对安装、钢结构框架组对安装和砌筑等多工种施工，务必构成立体交叉作业，形成施工作业面窄小、立体作业层多、工种交错、施工工期长等水泥行业安装施工的独自特点。为此在施工计划安排中要周密考虑施工工期和工程安全措施，确保工程质量和工程进度的实施。

窑尾预热器钢结构塔架属于高层工业建筑，属于独立高层、重载荷、钢制构

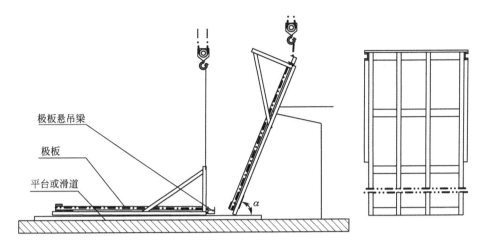

说明：
1.极板吊装架可用槽钢制成；
2.极板组对好后，借助吊装架，吊至 $\alpha \geqslant 75°$ 后，再吊装极板。

图 11-10　极板吊装架和滑道装置示意图

件拼装组合式建筑，对材料、制造工艺、喷砂除锈、涂装工艺、包装运输等技术标准要求较高，在水泥厂干法生产工艺中占有相当重要位置，其制作质量将直接影响项目投资的经济效益。

在预热器安装过程中，选用一台型号为 TC-7032（臂长 45m）和一台型号为 TC-7052（臂长 60m）型自升塔式起重机，在吊装方法上要详细考虑与计算，其中部分立柱需要两台塔吊配合抬吊，保证预热器塔架的顺利安装。塔吊安装位置如图 11-11 所示。

为保证钢柱内部灌浆密实，采用塔吊将灌浆筒吊至钢柱口上空 4m 左右，打开放料口将混凝土抛入钢柱内，利用混凝土下落冲击力使柱内混凝土密实，并在柱口插入式振捣，一次振捣时间约 30s。

预热器分段安装，首先要进行地面预拼，要求筒体内同一断面上，最大直径与最小直径之差不大于 $3/1000 \times D$（D 为筒体内表面直径），筒体圆周周长公差 $\pm 10mm$。钢板对接焊缝（环、纵向）错边量应小于 2mm。筒体母线直线度，用 $800 \sim 1000mm$ 直尺来检查，其公差不大于长度的 $2/1000$。

5. 生料立磨安装

生料立磨是水泥熟料线中的重要设备之一，在 5000t/d 以上生产线中，生料立磨产能一般在 $400 \sim 500t/h$，其主要结构基本相同。主要由外壳、主电机、主减速机、磨盘、磨辊、高压油站、低压油站、选粉机、液压站、喷水冷却等部分组成。

立磨安装流程：设备安装前的准备工作→设备验收→设备基础验收、放线→

115

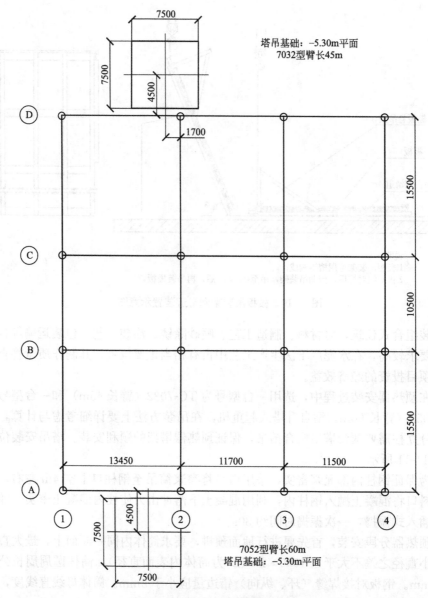

图 11-11　塔吊布置图

磨辊支撑架底座拼焊及安装→电机底座拼焊及安装→磨辊支撑架安装→减速机底板安装→基础孔一次灌浆→基础底板精调→基础二次灌浆→减速机安装→立磨下壳体拼焊、安装→磨盘安装→磨盘衬板、挡料环、刮板、喷环安装→磨辊总成的安装→立磨中部壳体拼焊、安装→楼梯栏杆的安装→选粉机壳体拼焊、安装→选粉装置安装→选粉机电机及其联轴节安装→液压站及磨辊润滑油站安装→密封风机及风管安装→喷水系统及其管道安装→主电机安装→单机无负荷试车。

　　由于立磨是从下向上分多节个部件组装，为保证各部件中心偏差小于 1mm，在施工基础施工前，地面按要求放线定位后，在轴线上、中心点预埋标板，并做好标识，另用圆管制作三角架，在立磨上方制作中心线标板，如图 11-12 所示。

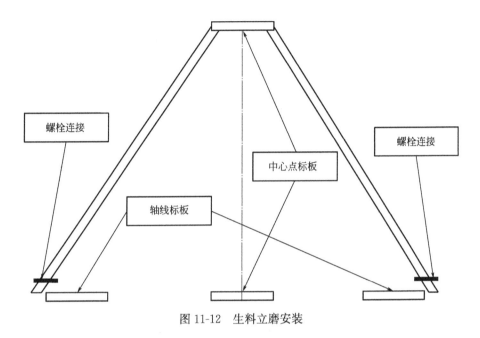

图 11-12　生料立磨安装

　　其中用临时支架制作的上方中心标板，因为吊装部件过程中需要不断拆装，每次重装时要用铅垂线重新找中。

　　减速机重量仅次与磨盘，安装在设备基础支座上。采用钢板与滚杠法吊装减速机，将减速机放置在四根 $\phi 30$ 的圆钢上，如图 11-13 所示，圆钢下平铺 $\delta=30$ 的钢板上钢，用两台 10t 手拉葫芦牵动减速机，使减速机顺利完成就位。

　　减速机就位后，用四台 50t 液压千斤顶顶起，将减速机底座在运输及安装过程中表面生产的毛刺进行打磨干净，同时在减速机底座上表面涂上油脂方便调整。调整减速机的横向、纵向中心线与底座横向、纵向中心线相重合，重合后安装减速机与底座连接螺栓，拧紧后要求底座与减速机结合面间隙≤0.1mm，同时安装减速机定位销。

　　磨盘是立磨最重的部件，重量 100t 左右，将磨盘和减速机相接触表面清洗，涂上少量的油脂，检查圆柱键与键槽之间的配合，根据吊装位置，选用 350～450t 汽车吊（或履带吊）利用磨盘上三个安装吊环吊装磨盘，将磨盘和减速机上法兰相联。找正磨盘使磨盘和减速机的中心相重合，检查磨盘水平度找正偏差 0.05/1000，达到要求后联接减速机和磨盘的联接螺栓，使用液压扳手将螺栓拧

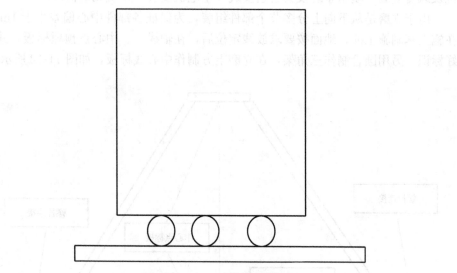

图 11-13　减速机安装

紧，螺栓拧紧后用塞尺检查结合面间隙不得大于 0.1mm。将磨盘盖板安装到位并拧紧。

11.2.2　技术指标

大型水泥熟料生产线安装应符合《水泥机械设备安装工程施工及验收规范》JCJ/T 3—2017、《自动化仪表工程施工及质量验收规范》GB 50093—2013、《电气装置安装工程 接地装置施工及验收规范》GB 50169—2016、《电气装置安装工程 电气设备交接试验标准》GB 50150—2016、《电气装置安装工程 低压电器施工及验收规范》GB 50254—2014、《钢结构工程施工质量验收规范》GB 50205—2001、《工业炉砌筑工程施工与验收规范》GB 50211—2014、《工业设备及管道绝热工程施工质量验收规范》GB 50185—2010 的规定。

11.2.3　适用范围

适用于 12000t/d 水泥熟料生产线机电设备安装及扩建项目。

11.2.4　工程案例

芜湖海螺水泥有限公司三期 2×12000t/d 水泥熟料生产线（B 线）机电设备安装工程、泰国 TPIPL 集团 12000t/d 水泥熟料生产线静态设备供货及安装工程。

11.3　相关新技术应用图片

11.3.1　基于 EPC 石灰窑的建造技术应用图片

图 11-14　石灰窑本体钢结构二

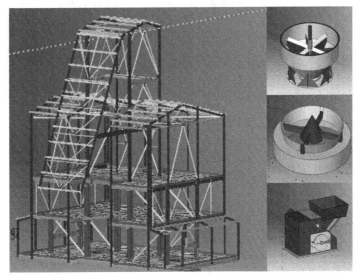

图 11-15　石灰窑非标设备单体

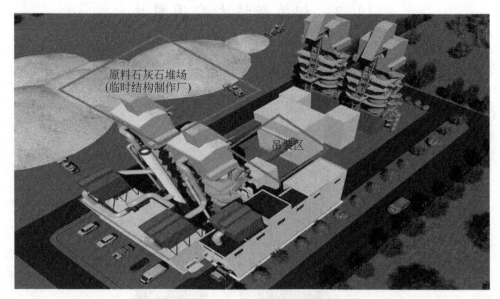

图 11-16　施工方案布置示意图

图 11-17　施工方案模拟一

图 11-18　施工方案模拟二

图 11-19　石灰窑鸟瞰图

图 11-20　连云港兴鑫钢铁石灰窑 EPC 总承包工程全貌

图 11-21　衢州元立石灰窑 EPC 总承包工程全貌

11.3.2　大型水泥熟料生产线（12000t/d）安装技术应用图片

图 11-22　芜湖海螺 12000tpd 水泥熟料线煤粉原料输送皮带吊装

图 11-23　芜湖海螺 12000tpd 水泥熟料线预热器塔架封顶

图 11-24 芜湖海螺 12000tpd 水泥熟料线回转窑合龙（直径 7.2m，重 1100t）

图 11-25 芜湖海螺 12000tpd 水泥熟料线全景效果图

第12章 有色机电安装

12.1 管架内部管道安装技术

12.1.1 技术内容

工业建筑中工艺管线繁多，管架一般为多层管架，导致管件内部空间狭小，不能为施工人员提供一个良好的施工环境；为确保施工安全，在管架周围搭设满堂脚手架，这样使管道送达指定位置非常困难，吊装设备的效率低下。

通过设计滚动支架，提高施工机械设备、人员的工作效率，使管架内部管道安装只需要将管道用设备吊装至管架内部的操作平台附近就可以逐段焊接，利用滚动支架逐段输送就可以到达安装位置，避免了管道在滑动过程中对结构表面油漆和管道本身的损坏。

图 12-1 现场管架脚手架搭设图

1. 滚动支架组成

滚动支架主要由 U 形管卡、滚筒、中心轴、心轴支撑板 1、心轴支撑板 2、管道限位支架撑板、管道限位支架、滚动支架底座、滚动支架限位横杆、滚动支架限位立杆组成，其结构如图 12-2～图 12-4 所示。

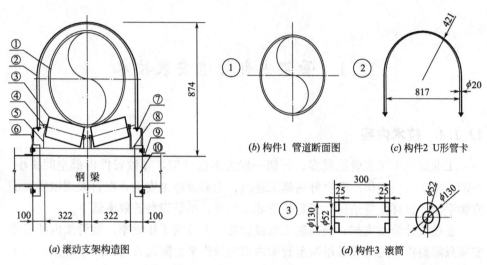

(a) 滚动支架构造图

(b) 构件1 管道断面图　(c) 构件2 U形管卡

(d) 构件3 滚筒

图 12-2　滚动支架构架①～③

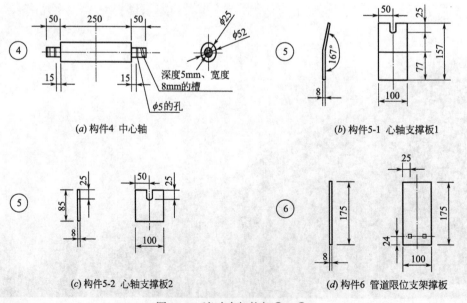

(a) 构件4 中心轴　(b) 构件5-1 心轴支撑板1

(c) 构件5-2 心轴支撑板2　(d) 构件6 管道限位支架撑板

图 12-3　滚动支架构架④～⑥

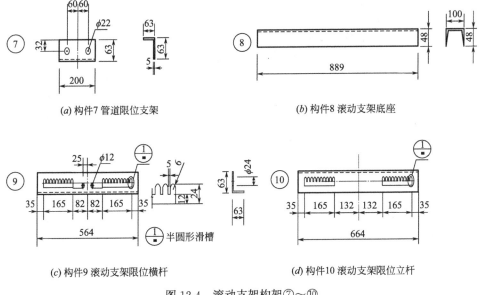

(a) 构件7 管道限位支架　　　　　　　(b) 构件8 滚动支架底座

(c) 构件9 滚动支架限位横杆　　　　　(d) 构件10 滚动支架限位立杆

图 12-4　滚动支架构架⑦～⑩

2. 管架内部管道安装流程

施工准备→滚动支架加工制作→滚动支架安装→管道焊接或熔接→管道牵引→管道就位→管道固定→试压清洗→调试及试运行→交工验收。

3. 滚动支架加工制作

(1) 固定部分与连接部分的施工程序：槽钢底座下料→端板下料→限位顶托扩孔 →支撑板、限位顶托焊接。

(2) 限位部分施工程序：构件下料→构件扩孔→构件打磨。

(3) 支架组装及刷漆：漆料、涂装遍数、涂层厚度均应符合设计要求。涂层干漆膜总厚度：室外应为 $15\mu m$，室内应为 $125\mu m$，其允许偏差为 $-25\mu m$，每遍涂层干漆膜厚度的允许偏差为 $-5\mu m$。

(4) 成品展示（图 12-5）。

4. 滚动支架操作要点

(1) 把滚动支架安装在管架的钢梁上，检查滚动支架成一条直线。滚动支架的滚动面应洁净平整，不得有歪斜和卡涩现象（图 12-6）。

(2) 把管道放置在滚动支架上，安装 U 形管卡，使管道能在管道支架上自由滑动（图 12-7）。滚筒滚动部分加注润滑油，减少摩擦力。

(3) 钢管焊接完毕后，使用牵引设备牵引管道。以此往复循环，直至完成该管线。

(4) 把该管线安装到指定位置，再开始下一条管线施工。一层管架只需固定

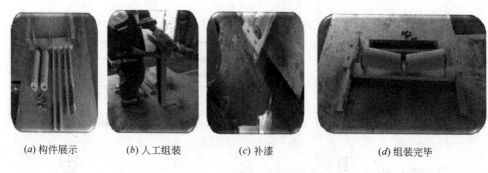

(a) 构件展示　　　(b) 人工组装　　　(c) 补漆　　　(d) 组装完毕

图 12-5　滚动支架组装图

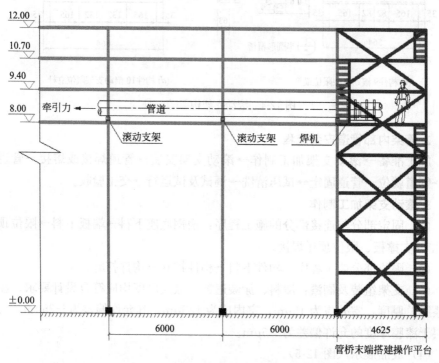

图 12-6　管架内部使用滚动支架示意图

一次滚动支架。

12.1.2　技术指标

1. 当钢材的表面有锈蚀、麻点或划痕等缺陷时，其深度不得大于该钢材厚度负允许偏差值的 1/2。

2. 钢材表面的锈蚀等级应符合现有国家标准《涂覆涂料前钢材表面处理 表面清洁度的目视评定》GB/T 8923 规定的 C 级及 C 级以上。

图 12-7　管架内部使用滚动支架安装管道

3. 螺栓紧固应牢固、可靠,外露丝扣不应少于 2 扣。

4. 现场采用气割允许偏差应符合表 12-1 允许偏差规定值。

气割的允许偏差（单位：mm）　　　　　　　　　　表 12-1

项目	允许偏差
零件宽度、长度	±3.0
切割面平面度	$0.05t$,且不应大于 2.0
割纹深度	0.3
局部缺口深度	1.0

注:t 为切割面厚度

5. 滚动支架的制孔应符合 C 级螺栓孔（Ⅱ类孔）,孔壁表面粗糙度不应大于 25um,其允许偏差应符合表 12-2 的规定。

C 级螺栓孔的允许偏差（单位：mm）　　　　　　表 12-2

项目	允许偏差
直径	+1.0 0.0
圆度	2.0
垂直度	$0.03t$,且不应大于 2.0（t 为切割面厚度）

6. 螺栓孔孔距的允许偏差应符合表 12-3 的规定。

螺栓孔孔距允许偏差（单位：mm）　　　表 12-3

螺栓孔孔距范围	≤500	501～1200	1201～3000	＞3000
同一组内任意两孔间距离	±1.0	±1.5	—	—
相邻两组的端孔间距离	±1.5	±2.0	±2.5	±3.0

注：1 在节点中连接板与一根杆件相连的所有螺栓孔为一组；
　　2 对接接头在拼接板一侧的螺栓孔为一组；
　　3 在两相邻节点或接头间的螺栓孔为一组，但不包括上述两款所规定的螺栓孔；
　　4 受弯构件翼缘上的连接螺栓孔，每米长度范围内的螺栓孔为一组

12.1.3　适用范围

适用于工业与民用多层管架内部管道施工，尤其适用于管架内部受限空间作业。

12.1.4　工程案例

刚果（金）RTR 尾矿回收一期管道安装工程，刚果（金）SICOMINES 铜钴矿项目。

12.2　大型溢流型球磨机安装技术

12.2.1　技术内容

大型溢流型球磨机安装技术是在原球磨机安装技术基础上，结合工程情况、构件重量、运输、安装等要求进行优化的安装技术，本体安装在室外，采用副底板调平方式，现场加工、提前安装调平，在地面将每节筒体、端盖拼装成整体后集中吊装组对，同时采用汽车吊进行主电机转子、定子的穿插与吊装工作。

1. 球磨机组成

大型溢流型球磨机主要由给料小车、主轴承、筒体部、衬板部、大齿轮、小齿轮轴组、齿轮罩、气动离合器、主电机、出料筒筛、慢速驱动装置、主轴承和小齿轮轴承润滑站、喷射润滑装置等部分组成，其结构如图 12-8 所示。大型溢流型球磨机筒体直径大于 6m，重量大于 800t，厂家分体加工，现场组装，大部分设备部件单件重量 50t 左右，最重的达到 80t 左右。

2. 安装流程

施工准备→副底板安装→主轴承底板安装→轴承座、主轴承安装就位→筒体、出料端盖、进料端盖及中空轴、主电机安装→润滑系统安装→大齿圈安装→小齿轮安装→慢速驱动装置安装→气动离合器安装→其他机械部件安装→电气设

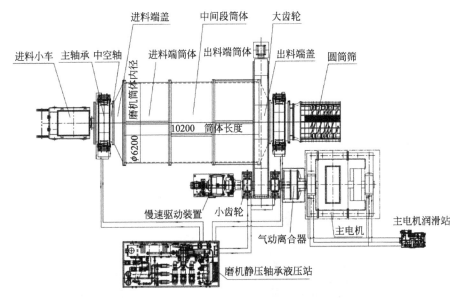

图 12-8　球磨机主要部件

备安装→调试。

3. 安装要点

（1）施工准备

1）基础处理

对设备及混凝土基础验收，验收合格后结合设备部件数据、图纸进行放线。按图 12-9 所示埋设中心标板及基准点。在混凝土基础的两侧面安装沉降观测点，并按要求进行观测。

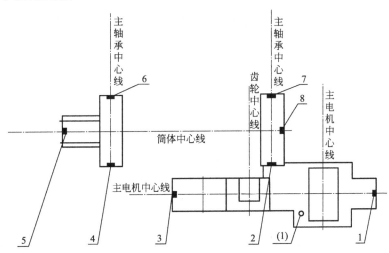

图 12-9　磨机中心标板埋设布置位置（1、2、3、4、5、6、7、8中心标板）

2）连接面清理

彻底清洗筒体、端盖、齿轮、中空轴等部件的法兰与配合表面，去掉油污和毛刺，清理法兰面、连接孔内的防锈油，检查法兰和止口配合表面的平整度，对不合格的地方进行处理，如图 12-10 所示。

图 12-10　连接法兰面清洗

3）单节构件拼装

检查确定装配标记，在地面上将单片筒体或者端盖按照装配图正确装配，如图 12-11 所示。调整交叉方式，副底板安装、连接面清洗、单节组对拼装可以同时进行施工，后期大吊车进场后统一吊装。

（2）副底板安装

底板采用副底板调平，所有副底板应在指定位置浇注（具体安装位置如图12-12 所示），副底板在现场制作加工或由厂家提供。调整好后的副底板上表面应比要求标高略低。副底板的顶面必须在两个方向水平，调整到单个副底板的水平度在 0.1mm 以内。

图 12-11 构件地面拼装成段

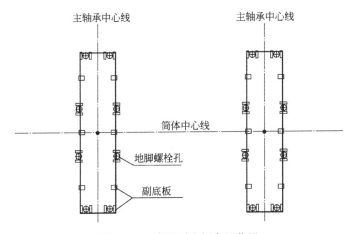

图 12-12 磨机副底板布置位置

（3）主轴承安装

1）主底板安装

主底板安装前要清洗各加工面防锈油和铁锈，去除毛刺，彻底清理。将主轴承底板吊装就位并调整其平整度与平面位置。

以图 12-9 中 5 号和 8 号中心标板为依据，可用在线架上挂钢线、钢线上垂线坠的办法找正主底板的纵向中心，使两个主底板上的两个中心点和标板上的两个点在一条直线上，其偏差不超过±1.0mm。横向中心线以 6 号和 4 号、2 号和 7 号四个中心标板为依据，仍以线架上挂钢线、垂线坠的办法找正，其偏差不超过±1.0mm。为验证两个主底板横向中心线的平行性，可在每个主底板横向中心相同尺寸处量取两点，以冲子打上小而清晰的印坑，然后量取此四点的对角线进行比较。

2）主轴承座安装

彻底清洗主轴承底板顶面和轴承座底面，去除毛刺和油污，清洗完后利用汽车吊将轴承座吊装至主底板上。调整轴承座使两轴承座达到相同高度，同时轴承座与轴承底板的接触面沿其四周应均匀接触。

（4）筒体安装

1）安装前彻底清洗筒体法兰及端盖的配合表面，检查法兰和止口配合表面的平整度，不允许有局部突出部分存在。

2）根据安装标记将分瓣筒体分段组装，然后将组装好的一段筒体吊装至磨机基础上并与顶起装置固定好。接着进行第二段筒体吊装就位，并与第一段筒体对接；安装合格后进行第三段筒体的吊装就位且与前面已安装合格的筒体对接。组装与对接应控制法兰间隙、螺栓紧固度和筒体同轴度，并对其检查，如图 12-13 所示。

（5）端盖及中空轴安装

将端盖和中空轴在地面组装完毕后进行整体吊装，按照装配标记，将组装完的整片端盖与中空轴连接起来；安装出料端盖时，连接螺栓应避开大齿轮连接孔，安装过程中严格控制间隙和螺栓紧固度。端盖与中空轴吊装如图 12-14 所示。

（6）把筒体和端盖组件装入主轴承

筒体和端盖组件就位前，轴承座必须已调整符合要求，顶升装置已调整至比工作状态低 3~5mm。对端盖和筒体组件进行复检，经检查无误后，缓慢将顶升装置降至正常工作位置，筒体和端盖组件落入主轴承。

（7）主电机安装

球磨机主电机吊装前需将定子、转子组装好。采用汽车吊在室外进行转子穿插和主电机吊装。

图 12-13　球磨机筒体法兰同轴度检查

1）利用汽车吊将主电机定子放置在已调平的基座上，并在主电机定子线圈下部铺上 3mm 厚的橡胶皮，防止转子穿插过程中转子与定子摩擦对绝缘漆造成损伤（图 12-15）。

2）利用汽车吊将转子吊起缓慢穿过定子；当转子一端穿过定子后，利用另外一台汽车吊在转子两端重新设置吊点，两台汽车吊配合继续穿插转子（图 12-16）。

3）转子穿插完成后，利用无缝钢管作为扁担，钢丝绳、手拉葫芦垂直方向交替连接，控制转子、定子间间隙和平衡，通过放样计算，确定方案的可行性，合理组织吊装作业（图 12-17）。

（8）润滑系统安装

轴承润滑站在安装之前用面粉团将油箱内的杂质清理干净。现场配管在一次安装完成之后，拆除所有润滑油管进行酸洗。润滑系统装配完成后进行试压，然后注入冲洗油进行油循环。

（9）大齿轮安装

在安装之前，所有齿面和安装表面必须彻底清洗，同时按照配对标记进行安装。

1）安装第一个 1/4 齿轮

1/4 齿轮起吊时以两根等长的吊绳从两边套穿在齿轮轮辐的空档内，为防止

图 12-14　球磨机端盖及中空轴吊装

图 12-15　球磨机定子内圈底部保护垫铺设

图 12-16　球磨机主电机定子、转子穿芯

图 12-17　球磨机主电机吊装

吊绳损伤齿轮，在吊绳与大齿圈之间加防护垫。第一个1/4齿轮起吊后扣在筒体上方，第一个1/4齿轮安装固定完成后用卷扬旋转筒体进行盘车，使安装好的第一个1/4齿轮慢慢下转到磨机中心线以下的位置，如图12-18所示。

图 12-18　大齿轮安装

2）剩余1/4齿轮安装及找正

按装配标记及同样的方法安装第2、3、4个1/4齿轮。4个1/4齿轮把合好后，拧上全部大齿轮和筒体、端盖的连接螺栓，调整大齿轮径向跳动与轴向摆动。

（10）小齿轮安装

1）小齿轮安装前彻底清洗底座、轴承箱等零件。拆开小齿轮轴，彻底清理轴承和轴承座、轴承盖内润滑脂。参考主轴承底板安装方法调整小齿轮组底座。

2）小齿轮安装完成后，调整齿侧隙，检查齿轮齿面的接触情况。

（11）慢速驱动装置安装

慢速驱动吊装就位后，找正慢速驱动和小齿轮中心，控制慢速驱动轴和小齿轮轴上离合器间的径向位移，两轴线倾斜偏差，两轴头间隙按图纸要求调整。

（12）气动离合器安装

在准备安装空气离合器前，小齿轮轴必须最终校准位置，电机必须安装完毕且检查合格。控制主电机轴与小齿轮轴上离合器径向跳动和轴向摆动。

（13）其他机械部件安装

按要求进行衬板、给料小车、圆筒筛等其他部件的安装。

12.2.2　技术指标

1. 应符合下列标准规范的相关规定：

现行国家标准《机械设备安装工程施工及验收通用规范》GB 50231—2009、《选矿机械设备工程安装验收规范》GB 50377—2006、《破碎、粉磨设备安装工程施工及验收规范》GB 50276—2010。

2. 主轴承主底板的水平度误差不超过 0.08mm/m；两底板的相对高度差不大于 0.08mm/m；两底板纵向中心线偏差不超过 ±1mm；两底板横向中心线平行度偏差不应大于 0.08mm/m；两底板对角线偏差不超过 ±1mm。主轴承座与轴承底板的接触面局部间隙不得大于 0.1mm，不接触的边缘长不超过 100mm，累计总长度不超过四周总长的 1/4。

3. 筒体、端盖与中空轴法兰同心度要求为 0.25mm 以内，所有法兰之间用 0.03mm 塞尺检查间隙不得插入。

4. 大齿轮径向跳动不超过 0.6mm，轴向摆动不超过 0.8mm，两个测点间的允许误差不超过 0.27mm。

5. 小齿轮齿面的接触沿齿高方向不少于 60%，沿齿长方向不少于 80%，齿侧隙符合设计要求。

6. 慢速驱动轴和小齿轮轴上离合器间的径向位移不超过 0.3mm，两轴线倾斜偏差不超过 0.5mm/m。

7. 主电机轴与小齿轮轴上离合器径向跳动不超过 0.20mm，轴向摆动不超过 0.15mm。

12.2.3　适用范围

适用于工业设备安装工程中球磨机、半自磨机安装工艺。

12.2.4　工程案例

刚果（金）SICOMINES 铜钴矿项目，刚果（金）SOMIDEZ 铜钴矿项目安装工程。

12.3 相关新技术应用图片

图 12-19 刚果（金）RTR 尾矿回收一期管架内部管道安装